北京市高层住宅建筑太阳能热水系统应用

组织编写：北京新航城控股有限公司
天普新能源科技有限公司
中国建筑科学研究院有限公司
总 策 划：罗伯明
主　　编：闫玉波　李仁星　李博佳
副 主 编：丁海兵　王宝玲　张聪达
王　森　张学文

中国建筑工业出版社

图书在版编目（CIP）数据

北京市高层住宅建筑太阳能热水系统应用／北京新航城控股有限公司，天普新能源科技有限公司，中国建筑科学研究院有限公司组织编写；闫玉波，李仁星，李博佳主编．—北京：中国建筑工业出版社，2019.1
ISBN 978-7-112-22980-2

Ⅰ．①北… Ⅱ．①北… ②天… ③中… ④闫… ⑤李… ⑥李… Ⅲ．①高层建筑－太阳能水加热器－热水供应系统－建筑设计－北京 Ⅳ．①TU241.91

中国版本图书馆CIP数据核字（2018）第257880号

本书以北京市新航城安置房项目太阳能热水系统的设计过程为基础，围绕太阳能光热在民用建筑领域的应用开展研究，将分户燃气辅助加热系统进行了创新性研究，采用分段温控计量收费办法、远程监控智能报警系统、应急处理系统等多方面的手段，结合以往各地类型案例的成功经验，对高层住宅建筑太阳能热水系统的设计要点、系统对比、产品选型、控制功能、预期效果进行了详细的说明，以期为后续其他类似工程的设计安装起到指导作用。

责任编辑：周方圆 封 毅
责任校对：芦欣甜

北京市高层住宅建筑太阳能热水系统应用
组织编写：北京新航城控股有限公司
天普新能源科技有限公司
中国建筑科学研究院有限公司
总 策 划：罗伯明
主　　编：闫玉波 李仁星 李博佳
副 主 编：丁海兵 王宝玲 张聪达 王 淼 张学文

*

中国建筑工业出版社出版、发行（北京海淀三里河路9号）
各地新华书店、建筑书店经销
北京建筑工业印刷厂制版
天津翔远印刷有限公司印刷

*

开本：787×1092毫米 1/16 印张：11½ 字数：254千字
2019年1月第一版 2019年1月第一次印刷
定价：**48.00**元
ISBN 978-7-112-22980-2
（33072）

编 委 会

作　者

1. 北京新航城控股有限公司

永定河畔北京南郊，有这样一群目光远大、执着追求理想的城市建设开拓者——北京新航城控股有限公司。公司于 2012 年 10 月 23 日成立，由大兴区国资委、北京经济技术投资开发总公司、亦庄国投共同出资组建，承担着服务北京新机场、建设临空经济区的主体责任。2013 年 10 月 8 日，北京市政府批准北京新航城控股有限公司作为北京新机场临空经济区开发建设的核心平台，明确了北京新航城控股有限公司“开发建设主体、投资融资主体、运营管理主体和资源整合主体”四个职能定位。

北京新航城控股有限公司以“服务新机场、建设新航城”为使命，高水平服务保障北京新机场这个国家发展新的动力源和京津冀协同发展国家战略，高标准高质量建设临空经济区，坚持“事业发展”与“实业发展”双重目标，重点发展资源开发、城市运营、金融与产业投资等三大主营业务，力争成为国际领先、国内一流的，立足临空经济区投资、建设、运营领域的产业投资集团。北京新航城控股有限公司塑造“创新、专业、共享”和“以人为本、精细管理、持续经营”的核心价值，坚持“对事业有情怀、对未来善学习、对自己严品行”的选人用人标准，持续加强学习型组织建设，努力打造一支具有国际视野、管理一流、专业精深、追求卓越的高素质专业化干部队伍。

他们在绿色城市建设路上不懈努力，在新航城建设对绿色建筑的技术、政策、理念做出系统、规模化的探索，他们以 150 万平方米的回迁安置房项目为起点，在求真务实的同时坚持对理想的追求，在勇于探索的同时肩负起对社会的责任，堪称时代精神的代表。

新航城公司重视区域内、外及国际企业间的合作，协作发展。以开放发展的理念组织包含国有企业、民营企业、外资企业等多种所有制经济组织协作，探索出相关单位间创新工作合作的新模式；参与单位包括科研机构、设计院、系统集成商、关键部件企业等十余家单位形成多项成果的共享及应用。

其技术成果在其他多个同类项目上成为核心，科学实践了从技术创新到实际应用的一系列路径，积累了相关产业领域企业包括国际企业的合作经验，推动企业间的合作共赢。扎实推进了项目各应用系统的创新，高度凝聚了制造业在安置房建设项目上的成果应用，体现了“智创新城，领航未来”的发展宗旨。

2. 天普新能源科技有限公司

天普公司创立于1989年，自企业成立之初，就以改善人类生存环境为己任，推动了太阳能行业在中国的发展，并逐步发展成为客户提供高品质热水、采暖制冷及清洁电力的新能源综合服务企业。天普旗下还有以修德谷为核心的文化业务板块及以天普新能源产业园为核心资产运营板块，共同推动公司向着百年企业的目标稳步前行。

天普人始终坚守“提升人类生活品质，与自然和谐相生”的价值观，坚持以用户需求为创新驱动力，重视员工德才培养，深切关注社会民生。创造性地将传统文化导入企业经营管理中，成功从一家以太阳能生产为核心的制造商转型为凭借专业技术和价值理念造福社会的服务型企业。

为满足用户对清洁能源综合利用的需求，天普整合30年行业积累，成立了集研发、制造、销售、服务于一体的高新技术企业——“天普新能源科技有限公司”，为建筑提供清洁、智慧、高效的新能源综合解决方案。依靠自身行业领先的太阳能系统和热泵技术，凭借现代化的智能管控和完善的服务，为民用建筑、商业建筑、公共建筑、农业建筑、工业建筑等领域提供高品质热水、采暖制冷、清洁电力等新能源综合服务。

为不断提升客户价值，天普始终将技术创新视为企业核心竞争力，先后承担国家863计划和北京2008奥运新能源示范专项等攻关课题，参与40多项国家标准编制，荣获100多项技术专利。并与清华大学、中国建筑科学研究院有限公司等国际行业机构和国内知名院校构建产学研一体化交流平台，共同推动技术的创新应用。目前在北京、天津、辽宁、山东、湖北、广东建设6个大型生产基地，产品供应配套完整。全国拥有2000多家经销商网络和30多个工程服务中心，为打造优质项目提供专业保障，为用户提供高品质的服务。

未来，天普新能源将确守初心持续创新，用新能源领域的新思想、新技术、新服务领跑行业发展，构建社会美好未来。

天普，更值得信赖的新能源综合服务商。

3. 中国建筑科学研究院有限公司

中国建筑科学研究院有限公司创建于1953年，原为建设部直属最大的综合性科学研究机构，后由科研事业单位转制为国务院国有资产监督管理委员会所属科技型企业。中国建筑科学研究院有限公司以建筑工程为主要研究对象，以应用研究和开发研究为主，致力于解决我国工程建设中的关键技术问题；负责编制与管理工程建设技术标准和规范；承担国家建筑工程、建筑节能、空调设备、电梯、化学建材和太阳能热水系统的质量监督检验和测试任务。中国建筑科学研究院有限公司设有14个研究所（分院、中心），科研工作涵盖了建筑环境与节能、住宅体系及产品、智能化建筑、施工技术、建筑材料、城市规划等专业中的70个研究领域，拥有77个实验室。近年来又加强了绿色建筑成套技术、可再生能源应用技术、防灾减灾技术、智能化集成技术以及建筑行业软课题研究等领域的研究与开发。

中国建筑科学研究院有限公司从事可再生能源建筑应用技术研究近40年，拥有建筑安全与环境国家重点实验室、国家建筑工程技术研究中心、国家空调设备质量监督检验中心、国家太阳能热水器质量监督检验中心（北京）、国家建筑节能质量监督检验中心等6个国家级检测检验中心；住房和城乡建设部供热质量监督检验中心等5个部级中心；绿色建筑北京市国际科技合作基地、北京市绿色建筑设计工程技术研究中心、北京市绿色建筑与建筑节能工程实验室。配置有国际先进水平的仪器、设备和实验系统，具备涵盖全部建筑节能、太阳能、热泵、供暖空调相关产品、系统、工程的检测试验能力，拥有建筑工程甲级设计资质。

“十一五”期间中国建筑科学研究院有限公司负责了国家科技支撑计划课题“太阳能在建筑中规模化应用关键技术研究”“村镇建筑太阳能综合利用技术研究”，并通过验收，取得了建筑多能源加热装置等发明专利，编制了《太阳能供热采暖工程技术规范》GB 50495—2009、太阳能供热采暖空调系统优化设计软件。“十二五”期间负责及参与了国家863计划课题“以太阳能为主的多种能源综合利用微网关键技术研究”、国家科技支撑计划课题“实现更高建筑节能目标的可再生能源高效应用关键技术研究”“基于中温的高效太阳能制冷装置与示范”“太阳能吸收膜及平板集热器检测技术研究”，并通过验收。对可再生能源建筑应用技术、评价技术进行了研究，并开发了太阳能、地源热泵系统关键设备及产品，有效提升了可再生能源建筑中的应用能效。负责的科技部国际科技合作课题“可再生能源蓄能技术在低能耗建筑的应用”通过验收，可再生能源蓄能技术成果获2015年华夏建设科学技术奖二等奖。“十三五”期间负责的国家重点研发计划项目“藏区、西北及高原地区可再生能源采暖空调新技术”“近零能耗建筑技术体系及关键技术开发”正在进行。主编了《可再生能源建筑应用工程评价标准》GB/T 50801—2013、《公共建筑节能设计标准》GB 50189—2015等多项相关领域国家标准，负责的《空气源热泵供暖工程技术规程》编制已报批，正在编制中国建设标准化协会标准《民用建筑冷热电联供工程技术规程》《多能源耦合供热系统》等标准编制工作。

序　一

体现行业正能量的一本书

拿到书稿，一气读完。细思良久，有感如下。

在举国推动高质量发展、加大改革开放力度、决胜全面建成小康社会，以及中国太阳能热利用行业贯彻《中共中央 国务院关于开展质量提升行动的指导意见》、“来一场中国制造的品质革命”的形势下，基于北京新机场安置房太阳能热水项目的应用实践，《北京市高层住宅建筑太阳能热水系统应用》一书问世了，它是现代城镇建设与太阳能热利用应用结合的一项硕果；是高质量太阳能热水工程实践的一个总结；是宣传介绍太阳能热利用知识的一本教材；它契合的是时代精神，令行业同仁备受鼓舞，备感欣慰。

采用“集中集热、集中储热、分户辅热（燃气）”系统模式，年太阳能保证率达到54.5%，能够满足17346个用户24h的热水需求。年节约标煤3082t，户均节约标煤177kg，年减排二氧化碳7614t，减排二氧化硫62t，减排粉尘31t等。数据为工程达到绿色建筑二星级评价标识提供了支撑，显示出基于的项目具有较高的水平，丰富了北京市高层住宅建筑上应用太阳能热水系统的经验。

它之所以具有示范效应，一是源于北京新航城控股有限公司、天普新能源科技有限公司、中国建筑科学研究院有限公司，贯彻新发展理念，秉承“创新科技，服务国家，造福人民”和“质量第一”的宗旨，有别于时下一些企业轻视质量、追求短期效益的惯性思维；二是得益于实施开发商、设计院、项目施工方科学、平等合作的模式，有效坚持了规划、设计、施工、验收“四同步”原则，协调解决单一方无法解决的问题，为项目整体的高水平提供了保证；三是融合了国内外企业间多项技术成果，实现了广泛合作、成果共享、多方共赢。

工程技术的提高离不开应用实践，不断的总结是应用技术水平提高的必由之路。本书不仅对工程开发、设计、施工诸方今后的发展具有积极的作用，对业内应用技术水平的提升也有帮助。一项重大工程完成后，花气力进行总结分析，这种做法值得在业内广泛借鉴。

本书还用一定的篇幅，概况了行业发展过程，深入浅出地介绍了太阳能热利用基本概念、应用基础知识、发展现状、热水系统设计方法和工程解决方案。对不同行业之间的交流沟通、业内热水工程设计和应用技术研究都有较大的参考价值。

综上，它实属近年来一本难得的太阳能热水工程教科书。

太阳能是现今人类可以开发利用的最大能源。在目前太阳能利用的几种方式中，太阳能热利用具有转换效率高、应用领域宽、成本低、替代化石能源能力强、适合分布式供能等特点。太阳能热利用虽被列入国家“十三五”发展规划，且被赋予高比例替代化石能源的重任，但在政府支持的方式有待创新、监管方式中还存在影响高质量发展弊端，此时行业迫切需要通过提高竞争力，走出低质低价、恶性竞争怪圈。期盼不断有体现行业正能量的好案例、好书涌现，以推动工程管理和工程技术的不断进步，助力营造优质优价的市场环境，形成全行业健康、高质发展的局面，更好地服务社会需求，造福百姓。

中国太阳能热利用产业联盟执行理事长
中国农村能源行业协会太阳能热利用专业委员会主任
张晓黎
2018 年 12 月 22 日于北京

序　二

随着可持续发展观念在世界各国不断深入人心，全球太阳能开发利用规模呈现井喷式发展之势。

党的十八大以来，节能减排、清洁能源、资源循环利用等环境保护的手段被提升到了前所未有的高度。

2016年，国家能源局发布《太阳能发展“十三五”规划》并明确提出，要不断拓展太阳能热利用的应用领域和市场。可见，太阳能具备清洁环保、利用价值高、无能源短缺之忧等优势，决定了其在能源更替中的重要地位。

我们知道，北京大兴国际机场是国家发展新的动力源。机场临空经济区是未来国家对外交往的新窗口、新地标，也是区域经济发展之源，作为这一区域投资开发建设主体，北京新航城控股有限公司秉承绿色、低碳、可持续的发展理念，超前开展了城市质量综合指标体系、城市设计、智慧能源、住宅产业化、绿色建筑、太阳能、海绵城市等一系列顶层设计和创新性的研究。在太阳能热水应用项目中，经过数月的调研、研究并经过专家对相关技术进行充分论证后，在其开发建设的临空经济区首个高层住宅项目——北京大兴国际机场安置房项目中，确定以集中集热、集中储热、分散辅热并以燃气作为辅热能源的方式，将太阳能热水供应系统应用到该项目，创新了高层住宅建筑使用太阳能供应热水的应用模式。

在历经理论研讨—项目调研—初步方案—专家论证—实验探索—方案改进—细节完善—实验检验—工程应用等环节后，为了总结高层住宅太阳能应用的创新经验，新航城公司会同天普新能源科技有限公司、中国建筑科学研究院共同组织编写了《北京市高层住宅建筑太阳能热水系统应用》一书，书中囊括了住宅建筑太阳能应用情况、太阳能与建筑一体化设计并结合北京新机场安置房项目总结了高层建筑太阳能解决方案等内容，对北京及周边地区的民用太阳能热水工程具有借鉴及指导的意义，也为今后高层住宅项目大范围应用太阳能储热技术供应热水奠定了坚实基础。

“士者弘毅，任重道远”，在后期的运营维护、物业协同管理等方面，新航城公司将连同相关部门继续做好太阳能技术的跟踪总结和分析，以便及时修正相关技术，为今后的太阳能热水应用创新实践提供更为有力的支撑。

最后，借本书出版之际，对在推动城镇太阳能技术应用发展工作中给予大力支持的企事业单位表示诚挚的感谢，也希望本书能为加强城镇太阳能应用健康发展，为绿色低碳产业作出应有的贡献。

北京新航城控股有限公司
曹辉

序　三

党的十九大以来，党中央、国务院高度重视生态文明建设和绿色发展。生态文明与绿色发展，它既是强调对自然权利的维护，致力于恢复包括人类在内的生态系统的动态平衡，同时也反映了对人类及其后代切身利益的责任心和义务感。习总书记强调，推动形成绿色发展方式和生活方式是贯彻新发展理念的必然要求，必须把生态文明建设和绿色发展摆在全局工作的突出地位。天普的快速发展是全社会践行这一发展理念的最明显的体现。

大力发展太阳能热水系统应用有利于节约能源、减少雾霾，有利于促进新能源产业发展，有利于降低建筑能耗。太阳能以其清洁、用之不竭的特性深受人们的喜爱，太阳能热水系统是太阳能在建筑上应用最为成熟有效的方法，成为最普及的建筑可再生能源利用形式。加强太阳能热水系统在城镇建筑上的应用，特别是回迁安置房项目上的应用是贯彻习总书记要求，推进绿色发展的战略举措，促进回迁安置社区精神文明与生态文明建设，全面提升新机场配套工程建设标准、品质。

我们立志“成为更值得信赖的新能源综合服务商”，天普一直专注新能源应用研发、生产、应用及服务，不断实践，开拓创新，总结积累了适合于北京地区高层建筑（特别是保障房、回迁安置房）太阳能应用。系统得到北京新航城控股有限公司高层及工程、技术各领导认可，我们深感荣幸，实现了广泛合作，成果共享，多方共赢。

“提升人类生活品质、与自然和谐相生”是我们的使命，是所有天普人共同的价值追求，希望能以最富创新的新能源应用技术为社会创造“健康、高效、可持续发展”的人居环境。

回顾过去我们硕果累累，展望未来我们信心百倍，我们不忘初心，砥砺前行。希冀本书的出版能加强太阳能与建设行业沟通交流，促进太阳能在建筑上的应用，为实现绿色发展、建设美丽中国作出贡献。

天普新能源科技有限公司总经理

李仁星

前　言

为减少化石燃料使用，降低温室气体排放，控制环境污染的同时满足社会经济发展对能源日益增长的需求，太阳能的开发和利用受到越来越多的重视。我国虽然化石燃料资源储量低于世界平均值，但国土面积辽阔，太阳能资源较为丰富。每年接受的太阳辐射能相当于1.7万亿t标准煤，平均年太阳辐照量在3300～8500MJ/m^2。除四川中部、重庆、贵州北部、湖南西北部以外的绝大部分地区年太阳辐照量大于4200MJ/m^2，对发展太阳能利用较为有利。

太阳能最直接的应用方式是光热利用。2012年起，我国成为世界上最大的太阳能集热器生产国和安装国，目前我国占世界总份额约60%。截至2014年，我国太阳能集热装置的安装量达到了5240万m^2，行业年产值在419亿元左右。其中工程市场约为2100万m^2，零售市场为3140万m^2，总规模达到了历史较高水平。随后，到2016年底，集热器面积年产量约在3950万m^2，行业年产值在316亿元左右，总的市场保有量达到46360万m^2，销售出现连续两年下滑，创历史新低。

太阳能热利用行业为我国节能减排、拉动就业作出了大量贡献。在建筑中应用的太阳能热利用系统根据功能不同分为太阳能生活热水系统、太阳能供热采暖系统和太阳能空调系统。其中太阳能生活热水系统作为最早研发的一项技术，在我国各地发布实施各类太阳能生活热水系统的强制安装政策后，得到了广泛应用。随着建筑行业的发展，太阳能热利用行业也有了较大的发展，在2000年之前，家用太阳能热水系统是市场上的主流产品，大多数销往农村地区，解决了广大农民的洗浴问题。2000年以来，国家及各级政府陆续出台鼓励和支持在建筑中应用太阳能热水系统的政策，在住宅建筑中高层建筑越来越多，对于太阳能应用提出了新的要求。

2013年1月1日，北京市正式实施《居住建筑节能设计标准》DB11／891—2012，提出建筑节能设计75%的要求。北京《居住建筑节能设计标准》是为贯彻国家和北京市有关节约能源、保护环境的法律、法规和政策，落实北京市“十二五”时期建筑节能发展规划的目标，改善北京地区居住建筑热环境，进一步提高北京市的居住建筑节能设计水平而制定。2017年6月23日北京市人民政府发布的《北京市“十三五”时期能源发展规划》中又提出：进一步扩大太阳能热水系统在城市建筑中的应用，鼓励农村地区太阳能综合应用。到2020年，全市新增光伏发电装机容量100万kW，新增太阳能集热器面积100万m^2。

随着建筑行业的不断变化和发展，政府强制节能推广政策的进一步加强和完善，对太阳能行业的发展提出了越来越高的要求：太阳能热水系统的设计安装与建筑同步设计、同步施工、同时交付使用。太阳能如何让建筑更美好，太阳能与建筑设计的一体化、科学化、人性化成为太阳能与建筑行业专家学者们共同研究的主题。对于高层住宅建筑的太阳能热水系统设计研究，目前常见的系统方式除集中集热—集中供热的太阳能热水系统外，还包括集中集热—分户储热的热水系统和分散式户用太阳能热水系统。

集中集热—分户储热可以最大限度地利用楼顶面积进行统一安装太阳能集热器，热量通过热媒介质传输到用户端的储热水箱，匹配以末端辅助电加热系统，实现热水供应；缺点是系统热量传输损失大，室内水箱占据了一定的室内空间面积。分散式户用太阳能热水系统的集热器可以根据建筑效果的需要，安装在南墙面、阳台、女儿墙等处，充分利用了围护结构的表面积，系统分户设置，室内水箱配有电加热系统，原理简单，便于管理维护；缺点是集热器的倾角都非常小，对于太阳辐射的接收有限，同时建筑底层用户或个别户型的日照受建筑布置方式、楼间距影响较大，设置在室内的储热水箱，占据了一定的空间。

如何更好地结合政策导向、本地资源、建筑特点、用户使用情况，将太阳能热水系统进行优化设计，并将高品质能源的电辅助加热系统更换为燃气辅助加热，减少用户室内面积占用，并实现自动智能控制，充分实现节能、高效、人性等特点，是在高层住宅建筑中值得研究的课题。

本书以北京市新航城安置房项目太阳能热水系统的设计过程为基础，围绕太阳能光热在民用建筑领域的应用开展研究，体现“以人为本，充分节能，合理布局，优化资源，敢于创新”的设计思想，以高层建筑与太阳能的一体化设计的应用与安装为重点，将太阳能集中式热水供应系统进一步优化，做到最大化利用太阳能热量（热量回收控制），防冻抗炸设计，将分户燃气辅助加热系统进行了创新性研究。采用分段温控计量收费办法，远程监控智能报警系统，应急处理系统等多方面的手段，结合以往各地类型案例的成功经验，对高层住宅建筑太阳能热水系统的设计要点、系统对比、产品选型、控制功能、预期效果进行了详细的说明，以期为后续其他类似工程的设计安装起到指导作用。

由于本书在编写时处于项目方案和图纸阶段，尚未进行项目施工，侧重于项目前期的方案论证、设计计算、经济分析等环节。对于项目的中后期，比如项目的安装实施、验收调试、运行数据、维护管理等方面，本书并没有涉及。编委会计划待项目完工后，进行持续的跟踪服务，不断收集项目数据资料并进行问题分析，后续工作内容有待下一步再跟读者分享。

本书的编写得到“十三五”国家重点研发计划课题“耐高温、耐冻高效太阳能集热器及多能源互补热源研制与开发”（2016YFC0700402）和中国建筑科学研究院有限公司应用技术研究课题（20170109330730011）的支持。同时，在立项、编写、审定过程中也得到了北京新航城控股有限公司、天普新能源科技有限公司、中国建筑科学研究院有限公司三家单位领导和专家的大力支持，凝聚了全体编制组全体编写人员的智慧和劳动，在此谨向参加本书编写、审查的全体人员表示衷心的感谢！

太阳能光热应用行业，是一个朝阳产业，经过近20年的快速发展和应用，太阳能行业对我国的环保事业和节能减排工作作出了较大的贡献，为改善和提高居民生活水平做出了应有的努力。随着科技的进步，新技术、新材料、新产品、新领域将会带给太阳能行业更大发展空间。

由于编写水平有限，本书难免有疏漏和不足，敬请广大读者批评指正！对本书的意见和建议，请反馈给天普新能源科技有限公司（电话：010-61239285；邮箱：info@tianpu.com）。

编者

2018年11月1日

目 录

第1章
太阳能热利用系统基础概述

1.1 太阳能资源分布

太阳能热水系统的应用效果与太阳能资源密切相关，我国化石燃料资源储量低于世界平均值，但太阳能资源较为丰富。我国陆地表面每年接收的太阳辐射能相当于1.7万亿t标准煤。根据太阳能资源分布情况，通常太阳能资源分为四个区划，见表1-1。全国主要城市中，拉萨年太阳辐照量为7902MJ/m^2，为全国最高。

我国的太阳能资源区划指标 **表1-1**

资源区划代号	名称	指标		地区
		MJ/（m^2·a）	kWh/（m^2·a）	
I	资源极富区	≥6700	≥1750	西藏大部、新疆南部及青海、甘肃和内蒙古西部
II	资源丰富区	5400～6700	1400～1750	新疆大部、青海和甘肃东部、宁夏、陕西、山西、河北、山东东北部、内蒙古东部、东北西南部、云南、四川西部
III	资源较富区	4200～5400	1050～1400	北京、黑龙江、吉林、辽宁、安徽、江西、陕西南部、内蒙古东北部、河南、山东、江苏、浙江、湖北、湖南、福建、广东、广西、海南东部、四川、贵州、西藏东南角、台湾
IV	资源一般区	<4200	<1050	四川中部、贵州北部、湖南西北部

1.2 北京市太阳能资源条件

北京市属于太阳能资源丰富区，水平面上年辐照量为5570.48MJ/m^2。每月的太阳辐照量如表1-2所示。

北京地区水平面上太阳辐照量 **表1-2**

月份	月平均气温 T_a（℃）	月日均辐照量 H_t[MJ/（m^2·d）]
1	－4.6	9.143
2	－2.2	12.185
3	4.5	16.126
4	13.1	18.787
5	19.8	22.297
6	24	22.049
7	25.8	18.701
8	24.4	17.365

续表

月份	月平均气温 T_a（℃）	月日均辐照量 H_t[MJ/（m^2·d）]
9	19.4	16.542
10	12.4	12.73
11	4.1	9.206
12	－2.7	7.889

北京市的太阳辐照量远优于北欧地区，如丹麦、瑞典等国家。而北欧是世界上太阳能热利用最好的区域之一，因此从资源角度看，北京市非常适合利用太阳能。

1.3　太阳能热水系统

1.3.1　太阳能热水系统的分类

太阳能热水系统由太阳能集热系统和热水供应系统构成，包括太阳能集热器、贮水箱、常规辅助能源设备、循环管道、支架、控制系统、热交换器和水泵等设备和附件。

根据不同的分类方式，太阳能热水系统主要可分为以下几种类型：

1）按系统的集热与供热水方式，分为：集中集热—集中供热水系统、集中集热—分散供热水系统和分散集热—分散供热水系统。

集中集热—集中供热水系统，是采用集中的太阳能集热器和集中的贮水箱供给一幢或几幢建筑物所需热水的系统。

集中集热—分散供热水系统，是采用集中的太阳能集热器和分散的贮水箱供给一幢建筑物所需热水的系统。

分散集热—分散供热水系统，是采用分散的太阳能集热器和分散的贮水箱供给各个用户所需热水的小型系统。

2）按生活热水与太阳能集热系统内传热工质的关系，划分为直接系统（也称单回路或单循环系统）和间接系统（也称双回路或双循环系统）。

直接系统是指在太阳集热器中直接加热水供给用户的系统。

间接系统是指在太阳集热器中加热某种传热工质，再使该传热工质通过热交换器加热水供给用户的系统。

3）按辅助能源的加热方式，分为：集中辅助加热系统和分散辅助加热系统。

集中辅助加热系统是将辅助能源加热设备集中安装在贮热水箱附近的系统。

分散辅助加热系统，是将辅助能源加热设备分散安装在供热水系统中的系统。对居住建筑而言，通常是分散安装在用户的贮水箱附近。

4）按太阳能集热系统的运行方式，分为：自然循环系统、强制循环系统和直流式系统。

（1）自然循环系统

自然循环系统是太阳能集热系统仅利用传热工质内部温度梯度产生的密度差进行循环的太阳能热水系统，也可称为热虹吸系统。有两种类型：自然循环系统（图 1-1）和自然循环定温放水系统（图 1-2）。

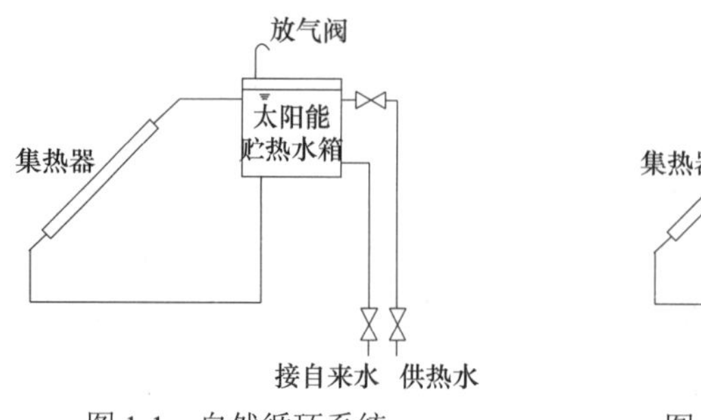

图 1-1　自然循环系统

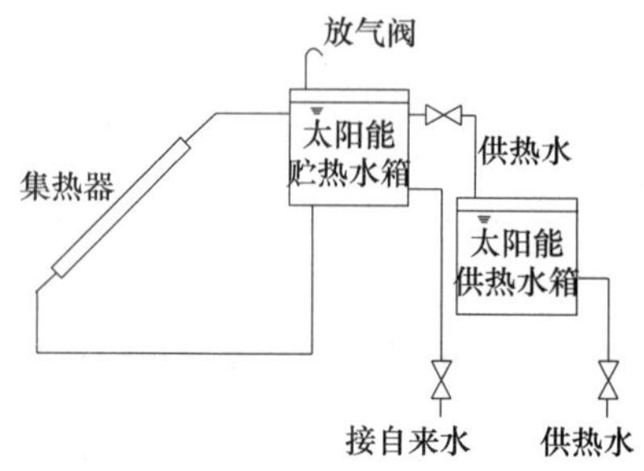

图 1-2　自然循环定温放水系统

（2）强制循环系统

强制循环系统是利用机械设备等外部动力迫使传热工质通过集热器（或换热器）进行循环的太阳能热水系统。强制循环系统运行可采用温差控制、光电控制及定时器控制等方式。强制循环系统也可称为机械循环系统。

图 1-3~ 图 1-6 是目前应用较多的几种强制循环太阳能热水系统。为表述方便，在后文中我们将双水箱系统中太阳能集热系统的贮水箱简称为贮热水箱，热水供应系统的贮水箱简称为供热水箱。

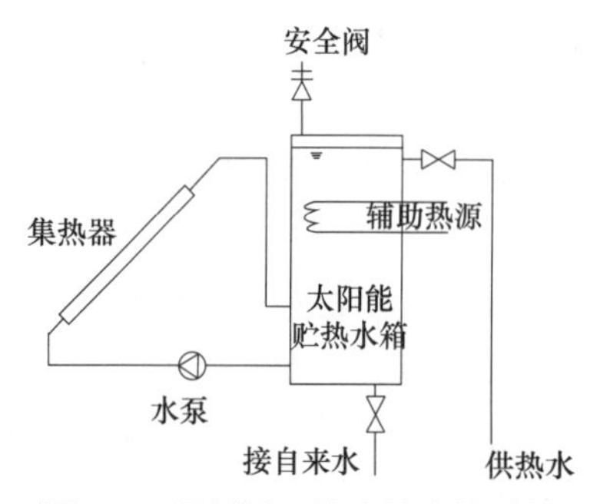

图 1-3　强制循环单水箱直接系统

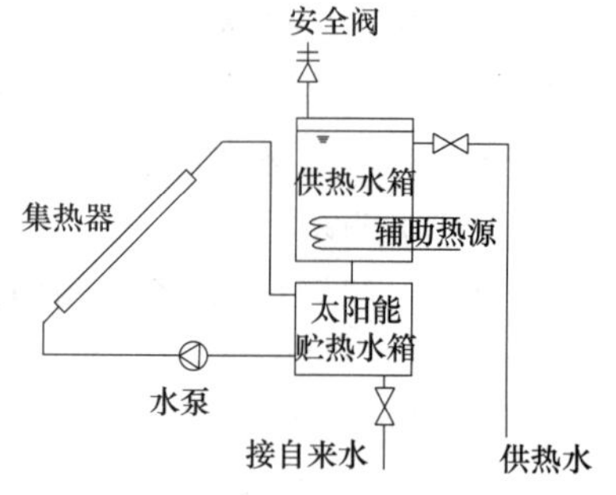

图 1-4　强制循环双水箱直接系统

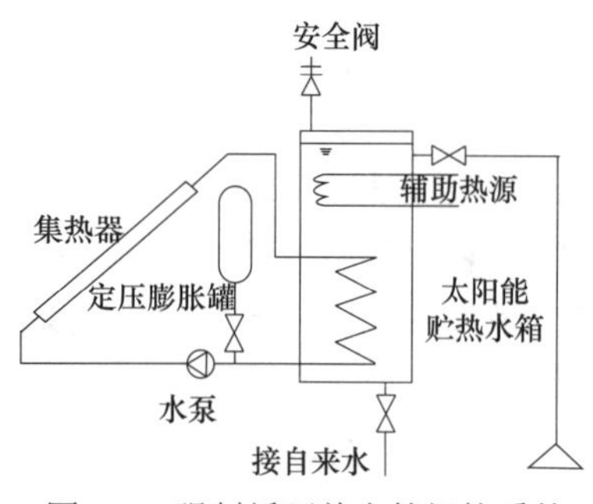

图 1-5　强制循环单水箱间接系统

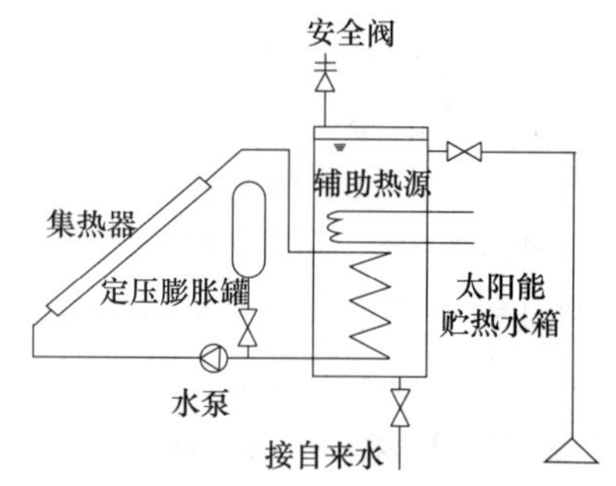

图 1-6　强制循环双水箱间接系统

（3）直流式系统

直流式系统是传热工质（水）一次流过集热器加热后，进入贮水箱或用热水处的非循环太阳能热水系统（图 1-7）。直流式系统可采用非电控的温控阀控制方式或电控的温控器控制方式。直流式系统也可称为定温放水系统。该系统一般采用变流量定温放水的控制方式，当集热系统出水温度达到设定温度时，电磁阀打开，集热系统中的热水流入热水贮水箱中；当集热系统出水温度低于设定温度时，电磁阀关闭，补充的冷水停留在集热系统中吸收太阳能被加热。

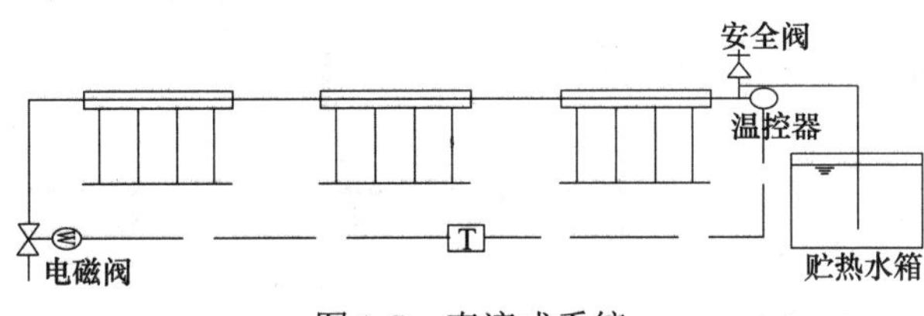

图 1-7　直流式系统

1.3.2　太阳能热水系统的特点及适用性

实际上，太阳能热水系统是由上述不同分类组合形成的复合系统。例如，自然循环直接系统、强制循环间接系统等，需根据系统的自身特点进行优化组合。

1）由于热交换器阻力较大，间接式系统一般采用强制循环系统。考虑到用水卫生、减缓集热器结垢以及防冻因素，在投资允许的条件下，应优先推荐采用间接式系统。直接系统应根据当地水质情况确定是否需要对自来水上水进行软化处理。

2）由于间接式系统的阻力较大，热虹吸作用往往不能提供足够的压头，故自然循环系统一般为直接系统。自然循环系统可以采用非承压的太阳能集热器，造价较低。在自然循环系统中，为了保证必要的热虹吸压头，贮水箱的下循环管口应高于集热器的上循环管口。

3）直流式系统只能是直接系统，可以采用非承压集热器，集热系统造价较低。此种系统通常与强制循环系统联合工作，即贮热水箱水位达到最高点后，系统转入强制循环模式运行。此种系统存在生活用水可能被污染、集热器易结垢和防冻等不易解决的问题。

目前在太阳能热水实际工程中应用最多的是集中集热—集中供热水系统、集中集热—分散供热水系统和分散集热—分散供热水系统，其系统示意图见图 1-8 ～图 1-11。

1.3.3　太阳能热水系统的设计选型

太阳能热水系统的设计选型应遵循节水节能、经济实用、安全可靠、维护简便、美观协调、便于计量的原则，根据使用要求、耗热量及用水点分布情况，结合建筑形式、其他可用常规能源种类和热水需求量等条件，根据工程实际情况进行选择，并遵循如下适用性原则：

1）有集中热水需求的建筑宜采用集中集热—集中供热太阳能热水系统。

2）普通住宅建筑宜按每单元设置集中集热—分散供热太阳能热水系统，或采用分散集热—分散供热太阳能热水系统。

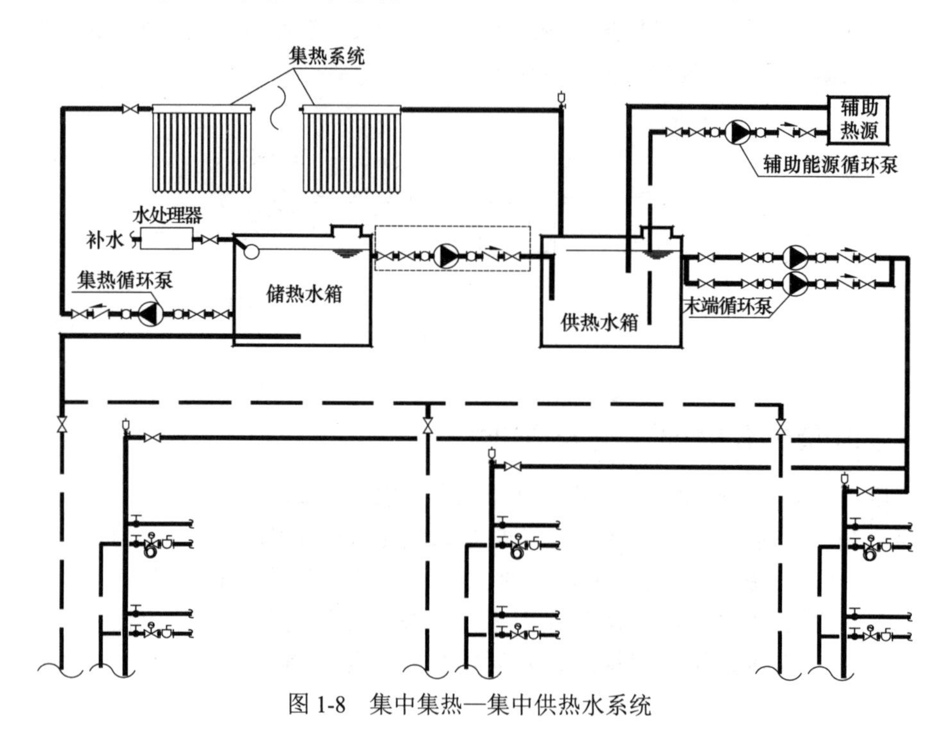

图 1-8　集中集热—集中供热水系统

图 1-9　集中集热—分散供热水系统

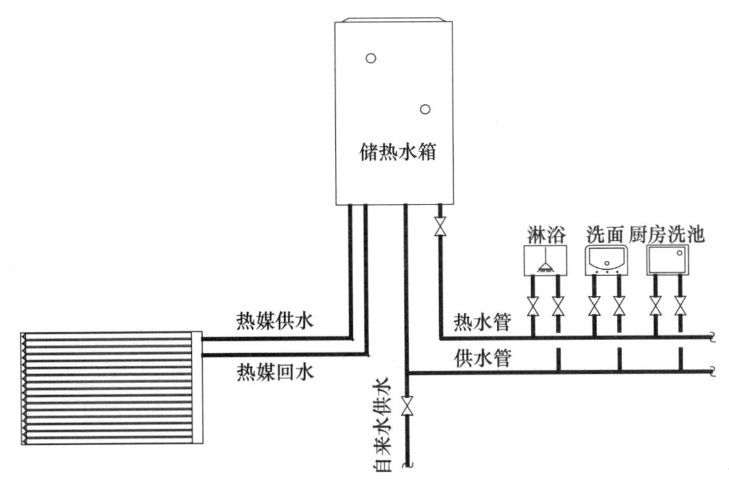

图 1-10　分散集热—分散供热自然循环供热水系统

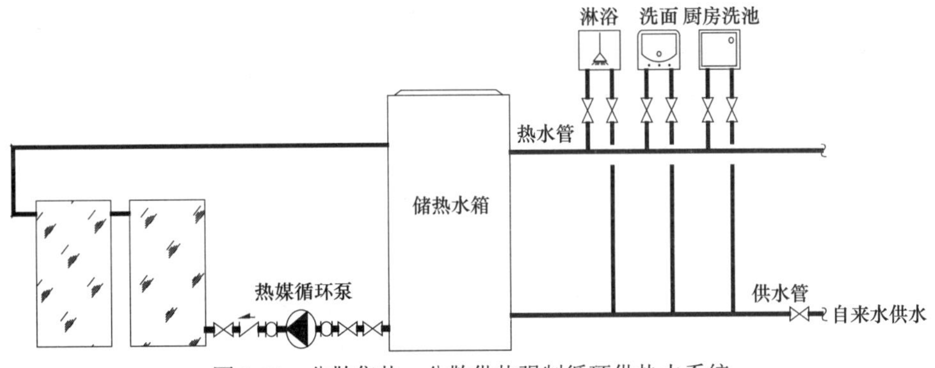

图 1-11　分散集热—分散供热强制循环供热水系统

3）集热系统宜按分栋建筑或每建筑单元设置；当需要合建系统时，宜控制太阳能集热器阵列总出口至贮热水箱的距离不大于 300 m。

4）应根据太阳能集热器类型及其承压能力、集热器布置方式、运行管理条件等因素，采用闭式或开式太阳能集热系统。

1.4　太阳能供暖系统

1.4.1　太阳能供热采暖系统分类

太阳能供热采暖系统一般由太阳能集热系统、蓄热系统、末端供热采暖系统、自动控制系统和其他能源辅助加热或换热设备集合构成。不同的集热系统、蓄热系统、末端供热采暖系统和运行方式构成了不同的太阳能供热采暖系统。①按照所使用的太阳能集热器类型分类，太阳能供热采暖系统可分为液体工质集热器太阳能供热采暖系统和太阳能空气集热器供热采暖系统；②按系统的运行方式分类，可分为直接式太阳能供热采暖系统和间接式太阳能供热采暖系统；③按所使用的末端采暖系统分类，可分为低温热水地板辐射采暖系统、水—空气处理设备采暖系统、散热器采暖系统和热风采暖系统；④按蓄热能力分类，可分为短期蓄热太阳能供热采暖系统和季节蓄热太阳能供热采暖系统。

由于空气的导热率、密度、比热等参数均比常见的液体工质小，且空气集热器主要用于建筑物内需要局部热风采暖的部位，不适宜用于多层和高层建筑，因此本书不再对空气集热系统进行描述。

1）系统运行形式

根据系统运行形式的不同，太阳能供热采暖系统可分为直接式太阳能供热采暖系统和间接式太阳能供热采暖系统。

太阳能集热系统的运行方式和系统安装使用地点的气候、水质等条件和系统的初投资等经济因素密切相关，由于太阳能供热采暖系统兼具供暖和热水功能，一般根据卫生要求供暖和热水系统应分别运行，不能相互连通；考虑到供热采暖末端压力等因素，太阳能集热系统与末端系统之间也通常采用换热装置隔开，这种系统通常称之为间接式太阳能供热采暖系统。考虑到我国是发展中国家，自然条件和技术经济不均衡，为降低系统造价，在气候相对温暖和水质软的地区，也可将太阳能集热系统与末端的生活热水系统连通，生活热水直接进入集热器中加热后供给用水点，供暖系统仍通过换热装置与集热系统隔开。对于太阳能集中供热系统，由于集热面积大、输配管线长、用热单位多、用热温度不同，更适宜采用间接换热的系统形式。

2）蓄热能力

根据蓄热装置蓄热能力的大小，太阳能供热采暖系统可分为短期蓄热太阳能供热采暖系统和季节蓄热太阳能供热采暖系统。

短期蓄热系统是指蓄热装置的蓄热能力仅能供系统短期运行，一般不超过 1 周。使用的蓄热媒质范围较广，有水、空气、相变材料等多种选择；季节蓄热系统是指蓄热装置的蓄热能力可供系统季节使用，可贮存在非采暖期获取的太阳能量，用于冬季太阳能供热采暖。蓄热媒质一般为热容较大的水或相变材料。

目前国内基本上是以短期蓄热系统为主，但国外已有季节蓄热太阳能供热采暖系统的实际应用，技术较成熟，太阳能可替代的常规能源量更大。以德国、丹麦和瑞典等为代表的北欧和中欧国家，近年来在太阳能季节蓄热技术上发展较快，已经建成数十个示范工程，并取得了良好的使用效果。

太阳能的不稳定性决定了太阳能供热采暖系统必须设置相应的蓄热装置，具有一定的蓄热能力，从而保证系统稳定运行，并提高系统节能效益。蓄热系统应根据投资规模和工程应用地区的负荷特点选择。对于小型太阳能系统，比较适宜使用短期蓄热水箱来调节供暖期或供冷期内的太阳能波动，提高系统的太阳能保证率及系统经济性。

1.4.2 太阳能供热采暖系统的常见形式

1）集中集热—分散用热太阳能供热采暖系统

图 1-12 给出了一种适宜在集合住宅中应用的集中集热—分散用热太阳能供热采暖系统。本系统也属于液态工质集热器短期蓄热太阳能供热采暖系统。系统太阳能集热器统一设置，循环泵、贮热水箱和用热系统均分散设置在各住宅单元中。图 1-12 是一种直接系统，也可在贮热水箱中加入盘管，将系统改造为间接系统。系统采暖优先选用地板辐射系统，以常见的燃气壁挂炉作为生活热水和采暖的辅助热源，太阳能集热系统作为采暖和生活热水的预热。

系统运行采用各住宅单元独立的温差循环控制，各单元水箱温度与集热器出口温度温差控制各单元的循环泵启停，当人员长期外出时也可人工关闭本单元的循环泵不参与换热。为安全考虑，防止烫伤，贮热水箱中设置高温保护。在非采暖季系统贮热水箱温度过高时集热系统循环泵停止运行。所有单元水箱温度均过热后集热系统处于闷晒状态，超过设定压力时由安全阀启动泄压。

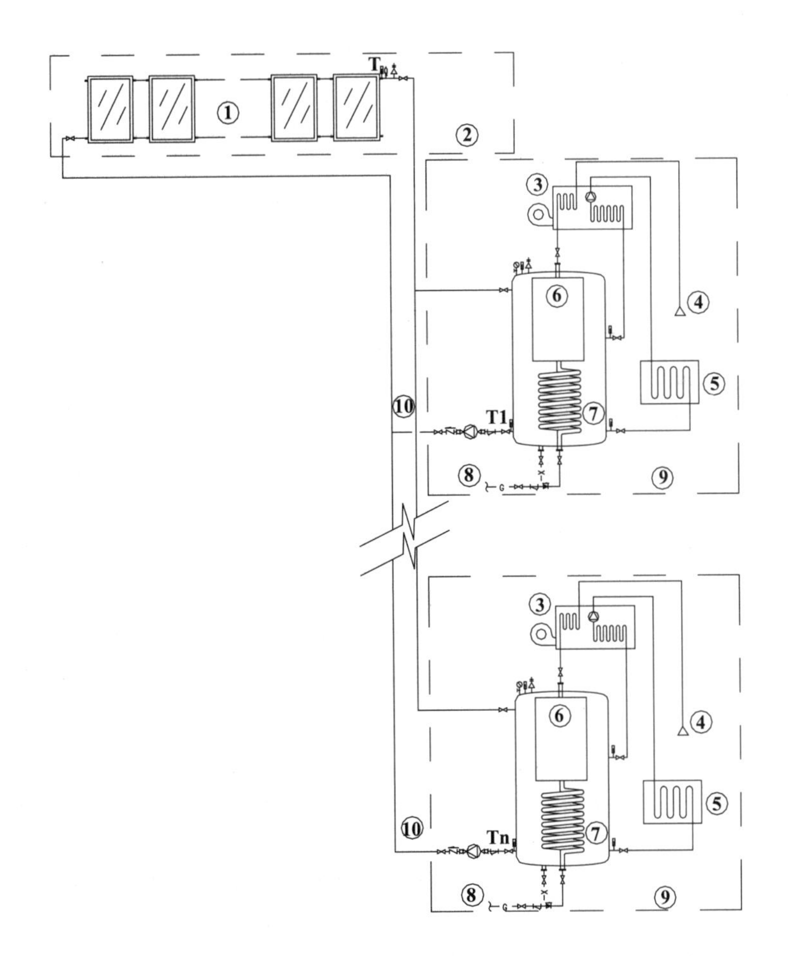

图 1-12　集中集热—分散用热太阳能供热采暖系统原理图

本系统最大的优势在于管理和控制灵活，解决了集合住宅中用热分配和费用收取的难题，公共部分只有不用耗能的太阳能集热器阵列，耗能设备均在各住宅单元内，不存在费用的分摊和收取问题。此外，太阳能集热系统统一布置还可利用不同住宅单元之间的同时使用系数，有效减少集热器的装机容量，降低系统造价。系统的缺点在于若干小系统与大系统相比，总造价会增加，控制点较多，系统发生故障的隐患增加。集热系统采用防冻液时要注意验算非采暖季系统闷晒温度是否会对防冻液产生影响。

2）集中大型太阳能供热采暖系统

图 1-13 给出了一种集中大型太阳能供热采暖系统。该系统也属于液态工质集热器短期蓄热太阳能供热采暖系统。系统特点是将太阳能集热系统、生活热水系统和采暖系统完全分离，彼此不受影响，采暖系统和生活热水系统均可沿用常规做法，太阳能集热系统作为生活热水系统和采暖系统的预热热源，服务对象可以为建筑面积较大的一整栋楼或小区，辅助热源也可选用常规的燃气锅炉或市政热力。太阳能集热系统热媒一般采用防冻液，集热器宜采用承压型集热器。

太阳能集热系统运行采用温差循环控制，不需设置高温保护，非采暖季过热时可将热量输送到开式贮热水箱中，利用水箱中水的汽化来消耗过多热量，以保护太阳能集热器和防冻液。生活热水温度可以通过容积式换热器来控制，不会产生烫伤危险。

该系统的优点在于所用技术和设备均为传统系统常用，系统实施的技术基础较良好，单位造价较低。集热、生活热水、采暖和辅助热源系统相互分离，易于运行和控制。其缺点在于系统运行的部件和水泵较多，输配能耗较大，发生故障的概率也有所增加，需要专门的机房。

3）太阳能与土壤源热泵综合应用系统

图 1-14 给出了一种太阳能与土壤源热泵综合应用系统。该系统在非采暖季可利用土壤源热泵的地埋管系统进行跨季节蓄热，属于液态工质集热器跨季节蓄热太阳能供热采暖系统。该系统主要用于严寒或寒冷地区，土壤源热泵系统排热量和吸热量严重不平衡的场合。该方案采用太阳能和地源热泵复合系统，采暖季优先利用太阳能系统，太阳能不能满足供暖需求时启动地源热泵系统，从土壤取热满足供暖需求；非采暖季太阳能系统对土壤源热泵系统补热，以实现土壤的冬夏季取放热平衡。

该系统的优点主要在于可以全年综合利用太阳能，通过太阳能与土壤源热泵系统结合，一方面可以降低太阳集热系统在冬季的工作温度，提高太阳能集热器的工作效率；另一方面通过太阳能的补热，可以有效解决在严寒和寒冷地区土壤源热泵系统经常会面临的冷热不平衡问题，有效扩大和改善了土壤源热泵的使用范围。但是，由于同时配置多套系统，系统技术较复杂，投资较高，需要进行详细的技术经济分析以确定其应用的可行性。

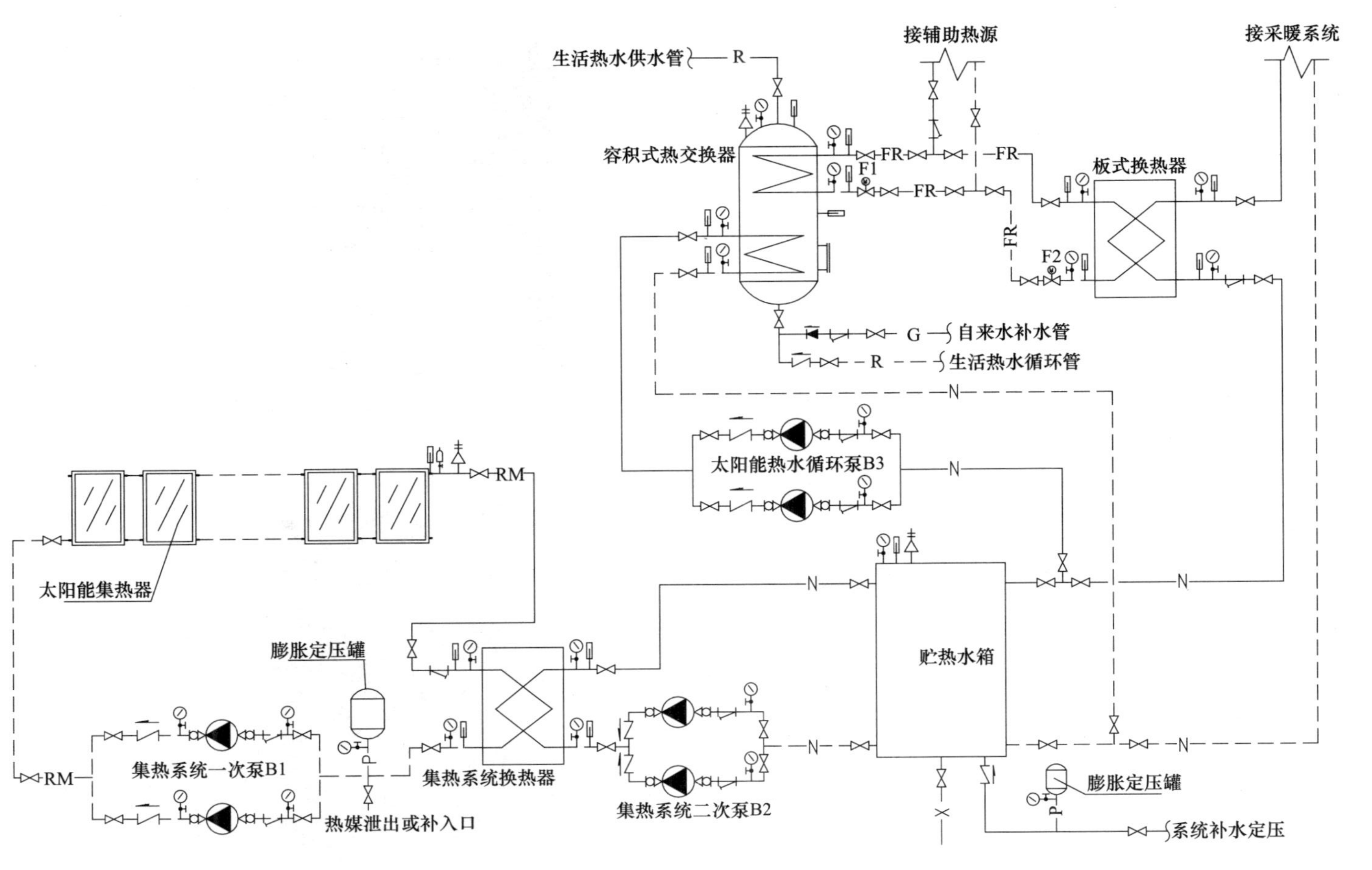

图 1-13　集中大型太阳能供热采暖系统原理图

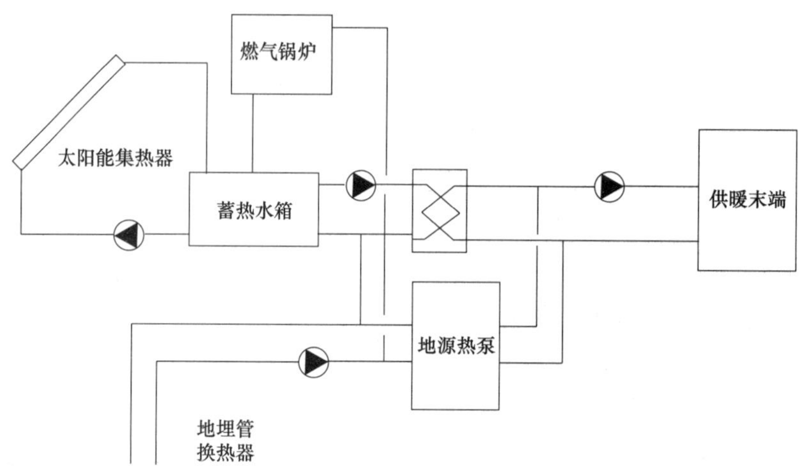

图 1-14　太阳能与土壤源热泵综合应用系统示意图

1.5　太阳能集热器

太阳能集热器是太阳能热水系统中的关键部件，目前在我国普遍应用的为两类：平板型太阳能集热器（图 1-15）和真空管型太阳能集热器（图 1-16）。

图 1-15　平板型太阳能集热器

图 1-16　真空管型太阳能集热器

1.5.1　平板型太阳能集热器

平板型太阳能集热器一般由吸热板、盖板、保温层和外壳 4 部分组成，其基本结构如图 1-17 所示。

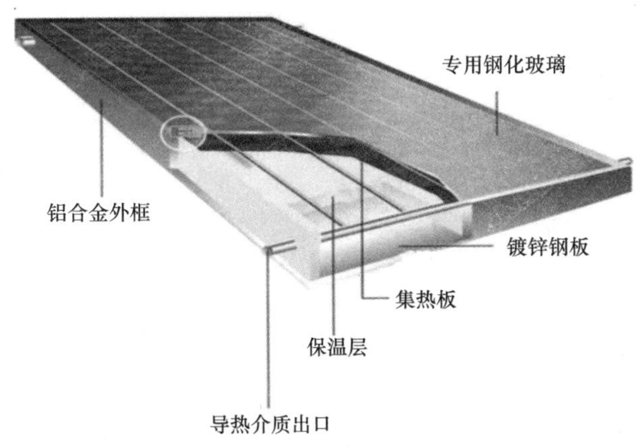

图 1-17　平板型太阳能集热器的基本结构

1）吸热板（或吸热板芯）

吸热板是吸收太阳辐射能量并向集热器工作介质传递热量的部件，大多采用铜或铝做基材，要增强吸热板对太阳辐射的吸收能力，同时减小热损失，降低吸热板的热辐射，就需要采用选择性涂层。选择性涂层具有对太阳短波辐射的较高吸收率 α 和较低的长波热辐射发射率 ε，目前多数选择性涂层的性能指标可达到：吸收率 $\alpha = 0.93 \sim 0.95$，发射率 $\varepsilon = 0.12 \sim 0.04$。

2）盖板

盖板的作用是减少热损失。集热器的吸热板将接收到的太阳辐射能量转变成热能传输给工作介质时，也向周围环境散失热量；在吸热板表面加设能透过可见光而不透过红外热射线的透明盖板，就可有效地减少这部分能量的损失。

盖板应满足如下技术要求：高全光透过率、高耐冲击强度、良好的耐候性、良好的绝热性能和易加工成型。

3）保温层

保温层的作用是减少集热器向周围环境的散热，以提高集热器的热效率。保温层材料的保温性能良好，热导率小，不吸水。常用的保温材料有岩棉、矿棉、聚氨酯等。

4）外壳

为了将吸热板、盖板、保温材料组成一个整体并保持一定的刚度和强度，便于安装，需要有一个美观的外壳，一般用钢材、彩色钢板、压花铝板、铝板、不锈钢板、塑料、玻璃钢等制成，外壳的密封性对平板型太阳能集热器的热性能有着重要影响，制作优良的平板型太阳能集热器应能排出集热器内的水汽，同时又避免外部大气中的水蒸气进入集热器。

1.5.2　真空管型太阳能集热器

按照所使用真空太阳集热管的类型，真空管型太阳能集热器可分为全玻璃真空管型、U 形管式玻璃—金属结构真空管型和热管式真空管型 3 大类。真空管型太阳能集热器由多根真空太阳集热管插入联箱组成，根据集热管的安装方向可分为竖排（图 1-18）和横排（图 1-19）两种方式。

图 1-18　竖排真空管型太阳能集热器

图 1-19　横排真空管型太阳能集热器

联箱根据承压和非承压要求进行设计和制造。承压联箱一般达到的运行压力为 0.6MPa；非承压联箱由于运行和系统的需要，也有一定的承压要求，一般按 0.05MPa 设计。

真空太阳集热管是真空管型太阳能集热器的关键部件，承压型真空管型太阳能集热器（常用于机械循环热水系统）需使用 U 形管式玻璃—金属结构真空管或热管式真空管，非承压型真空管型太阳能集热器（常用于自然循环热水系统）则可使用全玻璃真空太阳集热管。三种真空管的构造特点如下：

1）全玻璃真空太阳集热管

全玻璃真空太阳集热管由内、外两根同心圆玻璃管构成，具有高吸收率和低发射率的选择性吸收膜沉积在内管外表面上构成吸热体，内外管夹层之间抽成高真空，其形状像一个细长的暖水瓶胆（图 1-20）。它采用单端开口，将内、外管口予以环形熔封，另一端是密闭半球形圆头，由弹簧卡支撑，可以自由伸缩，以缓冲内管热胀冷缩引起的应力。弹簧卡上装有消气剂，当它蒸散后能吸收真空运行时产生的气体，保持管内真空度。

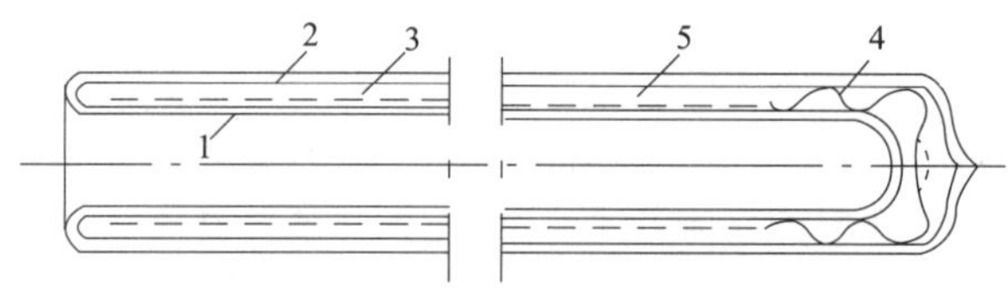

图 1-20　全玻璃真空太阳集热管

1—外玻璃管；2—内玻璃管；3—真空；4—消气剂；5—选择性吸收表面

其工作原理是太阳光能透过外玻璃管照射到内管外表面吸热体上转换为热能，然后加热内玻璃管内的传热流体，由于夹层之间被抽真空，有效降低了向周围环境的热损失，使集热效率得以提高。全玻璃真空太阳集热管的产品质量与选用的玻璃材料、真空性能和选择性吸收膜有重要关系。

2）U 形管式金属—玻璃结构真空太阳集热管

U 形管式真空集热管如图 1-21 所示。按插入管内的吸热板形状不同，有平板翼片和圆柱形翼片两种。金属翼片与 U 形管焊接在一起，吸热翼片表面沉积选择性涂料，管内抽真空。管子（一般是铜管）与玻璃熔封或 U 形管采用与保温堵盖的结合方式引出集热管外，作为传热工质（一般为水）的入、出口端。

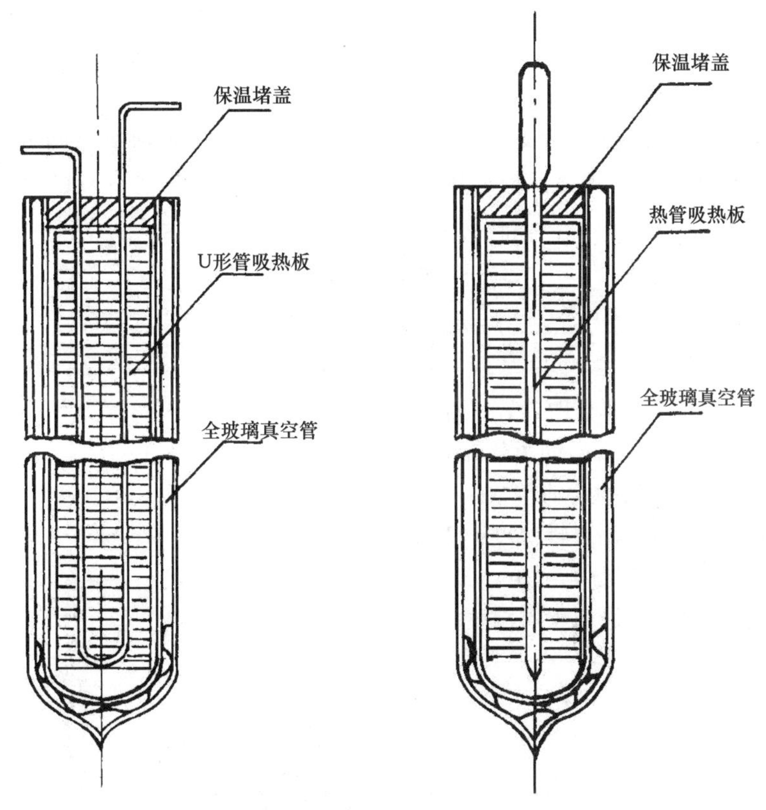

图 1-21　U 形管式真空集热管　　图 1-22　热管式真空集热管

3）热管式真空太阳集热管

热管式真空集热管如图 1-22 所示。根据吸热板的不同，热管式真空集热管分为：热管—平板翼片结构及热管—圆筒翼片结构。热管式真空集热管主要由热管、吸热板、真空玻璃管三部分组成。其工作原理是：太阳光透过玻璃照射到吸热板上，吸热板吸收的热量使热管内的工质汽化，被汽化的工质升到热管冷凝端，放出汽化潜热后冷凝成液体，同时加热水箱或联箱中的水，工质又在重力作用下流回热管的下端，如此重复工作，不断地将吸收的辐射能传递给需要加热的介质（水）。这种单方向传热的特点是热管性能所决定的，为了确保热管的正常工作，热管真空管与地面倾角应大于 10°。

1.5.3 太阳能集热器的性能参数

太阳能集热器的性能参数主要包括：热性能、光学性能和力学性能，分别表征太阳能集热器收集太阳能并将其转换为有用热量的能力，以及集热器的承压能力、安全性和耐久性。本节将介绍相关国家标准对各类太阳能集热器性能参数提出的合格性指标。

1）太阳能集热器的热性能

太阳能集热器的热性能主要用集热器的瞬时效率方程和效率曲线表示。

集热器瞬时效率是指在稳态（或准稳态）条件下，集热器传热工质在规定时段内从规定的集热器面积（总面积、采光面积或吸热体面积）上输出的能量与同一时段内、入射在同一面积上的太阳辐照量的比。

瞬时效率方程和效率曲线根据国家标准《太阳能集热器热性能试验方法》GB / T 4271—2007 的规定检测得出。根据检测结果、按最小二乘法拟合的紧密程度选择一次或二次曲线，得出的集热器瞬时效率方程和曲线的形式如下：

$$\eta=\eta_0-UT_i \quad (1\text{-}1)$$

$$\eta=\eta_0-\mathrm{a}_1T_i-\mathrm{a}_2G\left(T_i\right)^2 \quad (1\text{-}2)$$

$$T=(t_i-t_\mathrm{a})/G \quad (1\text{-}3)$$

式中 η_0——瞬时效率截距，$T_i=0$ 时的 η；

U——以 T_i 为参考的集热器总热损系数，W/（$\mathrm{m}^2\cdot\mathrm{K}$）；

a_1、a_2——以 T_i 为参考的常数；

G——太阳总辐射辐照度，$\mathrm{W/m^2}$；

T_i——归一化温差，（$\mathrm{m}^2\cdot\mathrm{K}$）/W；

t_i——集热器进口工质温度；

t_a——环境温度。

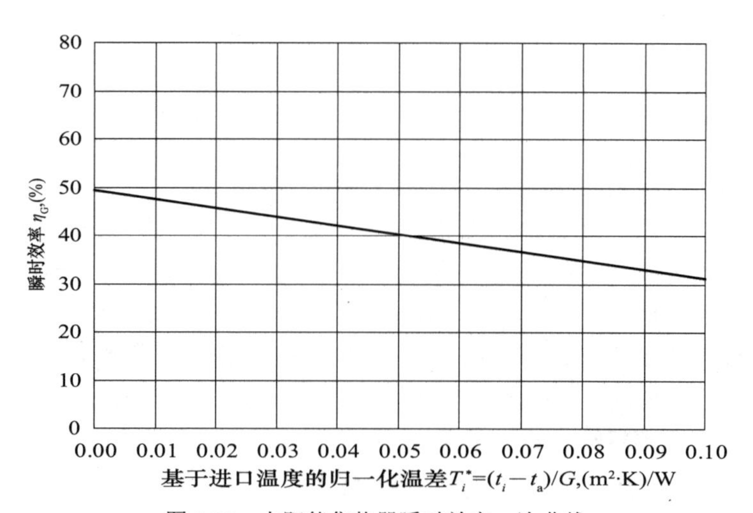

图 1-23 太阳能集热器瞬时效率一次曲线

判定太阳能集热器热性能是否合格的指标有两个：基于采光面积的稳态、准稳态瞬时效率截距 η_0 和总热损系数 U。

瞬时效率截距是在归一化温差 T_i 为零时的瞬时效率值，该值是集热器可以获得的最大效率，反映了该集热器在基本无热损失情况下的效率。

（1）液体工质平板型太阳能集热器的瞬时效率截距 η_0 应不低于 0.72。

（2）液体工质无反射器的真空管型太阳能集热器的瞬时效率截距 η_0 应不低于 0.62，有反射器的真空管型太阳能集热器的瞬时效率截距 η_0 应不低于 0.52。

太阳能集热器的总热损系数反映了集热器热损失的大小，总热损系数大，则集热器产生的热损失大，总热损系数小，则集热器的热损失小。所以，总热损系数越小，集热器的热性能越好。

（1）液体工质平板型太阳能集热器的总热损系数 U 应不大于 6.0W/（m^2 • K）。

（2）液体工质无反射器的真空管型太阳能集热器的总热损系数 U 应不大于 3.0W/（m^2 • K），有反射器的真空管型太阳能集热器的总热损系数 U 应不大于 2.5W/(m^2 • K)。

2）太阳能集热器的光学性能

太阳能集热器的光学性能参数包括平板型太阳能集热器透明盖板和真空管型集热器玻璃管的太阳透射比 τ，以及集热器吸热体涂层的太阳吸收比 α 和半球发射比 ε。

透射是辐射在无波长或频率变化的条件下，对介质（材料层）的穿透；透射比可用于单一波长或一定波长范围。太阳透射比是指面元透射的与入射的太阳辐射通量之比。

目前实施的国家标准对平板型太阳能集热器透明盖板的透射比未提出合格性指标，只要求应给出透明盖板的透射比。全玻璃、玻璃—金属结构和热管式真空太阳集热管的玻璃管材料应采用硼硅玻璃 3.3，玻璃管太阳透射比 $\tau \geqslant 0.89$（大气质量 1.5，即 AM1.5）。

吸收是辐射能由于与物质的相互作用，转换为其他能量形式的过程；吸收比可用于单一波长或一定波长范围。太阳吸收比是指面元吸收的与入射的太阳辐射通量之比。平板型太阳能集热器涂层的太阳吸收比应不低于 0.92。全玻璃真空太阳集热管选择性吸收涂层的太阳吸收比 $\alpha \geqslant 0.86$（AM1.5）。太阳能空气集热器吸热体涂层的太阳吸收比应不低于 0.86（AM1.5）。

发射是物质辐射能的释放；发射比可用于单一波长或一定波长范围。半球发射比是指在 2π 立体角内，相同温度下辐射体的辐射出射度与全辐射体（黑体）的辐射出射度之比。全玻璃真空太阳集热管选择性吸收涂层的半球发射比 $\varepsilon_h \leqslant 0.08$(80±5℃)。

3）太阳能集热器的力学性能

（1）耐压与压降

① 耐压

太阳能集热器的耐压指标表示太阳能集热器在工作条件下承受压力的能力。太阳能集热器应有足够的承压能力，其耐压性能应满足系统最高工作压力的要求。一般情况下，承压系统应达到的工作压力范围是 0.3 ～ 1.0MPa。

太阳能集热器应通过国家标准规定的压力试验，并应提供由国家质量监督检验机构出具的耐压性能检测报告。

太阳能热水系统的设计人员应对太阳能集热器的工作压力提出要求，应选择符合要求的太阳能集热器。

全玻璃真空太阳集热管内应能承受 0.6MPa 的压力。

② 压力降落（压降）

太阳能集热器的压力降落（压降）特性表示工作介质流经太阳能集热器时，因集热器本身结构形成和引起的阻力而在太阳能集热器进、出口管段之间产生的压力差。

太阳能集热器的压力降落（压降）特性是进行太阳能供热采暖系统水力计算时需要使用的重要参数。

太阳能集热器的压力降落（压降）参数使用国家标准《太阳能集热器热性能试验方法》GB / T 4271—2007 中规定的试验装置检测得出，试验结果是压力降落 ΔP（kPa）随工质流量 m（kg/s）变化的特性曲线。

（2）安全性

① 强度、刚度

太阳能集热器应通过国家标准规定的强度和刚度试验，试验后，太阳能集热器应无损坏和明显变形。

② 空晒

太阳能集热器应通过国家标准规定的空晒试验，试验后，太阳能集热器应无开裂、破损、变形和其他损坏。

③ 闷晒

太阳能集热器应通过国家标准规定的闷晒试验，试验后，太阳能集热器应无泄露、开裂、破损、变形或其他损坏。

④ 抗机械冲击

全玻璃真空太阳集热管应能承受直径为 30mm 的钢球，于高度 450mm 处自由落下，垂直撞击集热器中部而无损坏。平板型太阳能集热器在通过国家标准规定的防雹（耐冲击）试验后，应无划痕、翘曲、裂纹、破裂、断裂或穿孔。

⑤ 内热冲击

太阳能集热器应通过国家标准规定的内热冲击试验，试验后，太阳能集热器不允许损坏。

⑥ 外热冲击

太阳能集热器应通过国家标准规定的外热冲击试验，试验后，太阳能集热器不允许有裂纹、变形、水凝结或浸水。

⑦ 淋雨

太阳能集热器应通过国家标准规定的淋雨试验，试验后，太阳能集热器应无渗水和损坏。

（3）耐久性

太阳能集热器的使用寿命应大于15年。平板型太阳能集热器吸热体和壳体涂层按《漆膜附着力测定法》GB 1720—1979规定的测定方法进行试验后，应无剥落，达到该标准规定的1级。平板型太阳能集热器吸热体和壳体涂层按《色漆和清漆 耐中性盐雾性能的测定》GB/T 1771—2007规定的测定方法进行试验后，应无裂纹、起泡、剥落及生锈。平板型太阳能集热器吸热体涂层按《色漆和清漆 耐热性的测定》GB/T 1735—2009规定的测定方法进行试验后，吸收比α值的保持率应在原值的95%以上。平板型太阳能集热器吸热体涂层按《色漆和清漆 人工气候老化和人工辐射曝雾 滤过的氙弧辐射》GB/T 1865—2009规定的测定方法进行试验后，吸收比α值的保持率应在原值的95%以上；壳体涂层应达到《色漆和清漆 涂层老化的评级方法》GB/T 1766—2008中5.2表22规定的2级。

1.5.4 太阳能集热器选型

太阳能热水系统设计的最重要内容是进行太阳能集热器的选型，以及计算确定系统所需的集热器使用面积，即集热器总面积。

1）太阳能集热器的面积分类和计算

按照所涵盖的不同范围，太阳能集热器的面积可分为：总面积、采光面积和吸热体面积。总面积为整个集热器的最大投影面积，不包括那些固定和连接传热工质管道的组成部分。采光面积为非会聚太阳辐射进入集热器的最大投影面积。吸热体面积为吸热体的最大投影面积。

进行系统设计时，需要使用到的面积是总面积和采光面积。总面积用于衡量建筑外围护结构如屋面是否有足够的安装面积；而采光面积用于衡量集热器的热性能是否合格。因此，下面仅介绍这两种面积的计算方法。

太阳能集热器总面积A_G的计算公式如下：

$$A_G=L_1\times W_1 \tag{1-4}$$

式中：L_1——最大长度（不包括固定支架和连接管道）；

W_1——最大宽度（不包括固定支架和连接管道）。

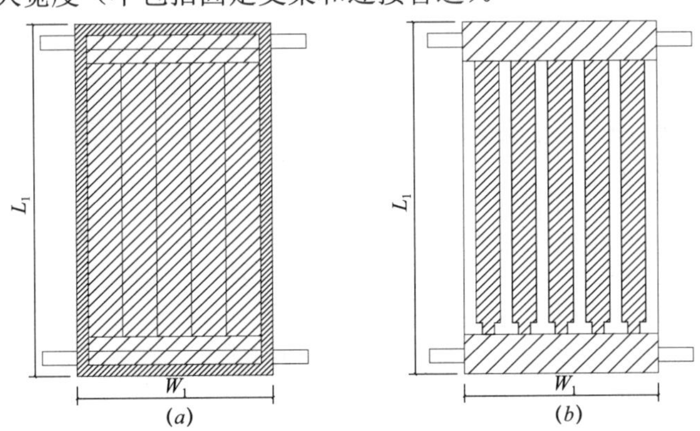

图1-24 太阳能集热器总面积

（a）平板型集热器；（b）真空管集热器

各种类型的太阳能集热器采光面积 A_a 的计算如下：

（1）平板型太阳能集热器

$$A_a = L_2 \times W_2 \tag{1-5}$$

式中：L_2——采光口的长度；

W_2——采光口的宽度。

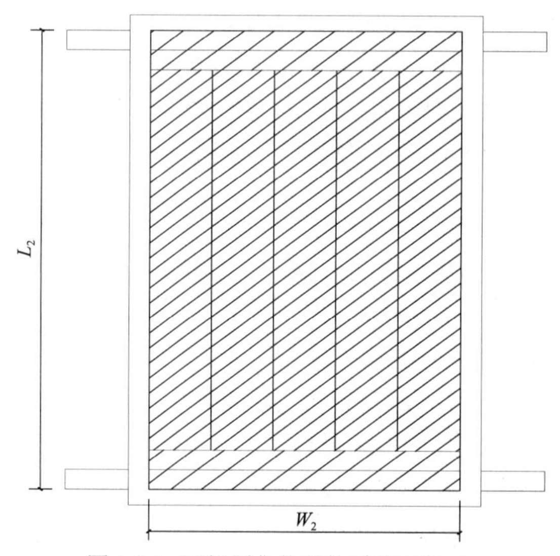

图 1-25　平板型集热器的采光面积 A_a

（2）无反射器的真空管型集热器

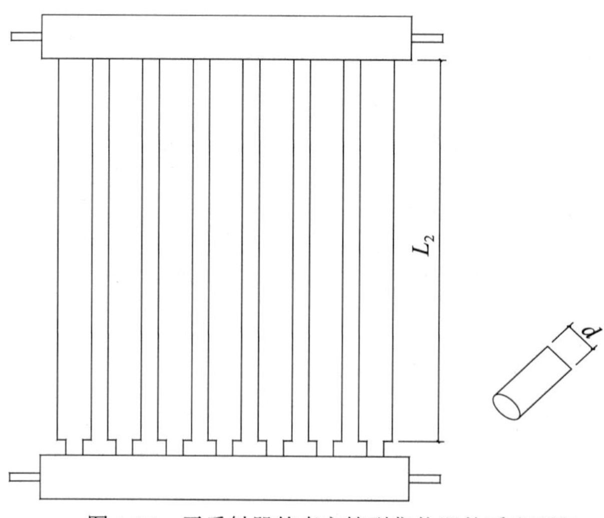

图 1-26　无反射器的真空管型集热器的采光面积

$$A_a = L_2 \times d \times N \tag{1-6}$$

式中：L_2——真空管未被遮挡的平行和透明部分的长度；

d——真空管未被遮挡的平行和透明部分的长度；

N——真空管数量。

（3）有反射器的真空管型集热器

$$A_a = L_2 \times W_2 \tag{1-7}$$

式中：L_2——外露反射器长度；

W_2——外露反射器宽度。

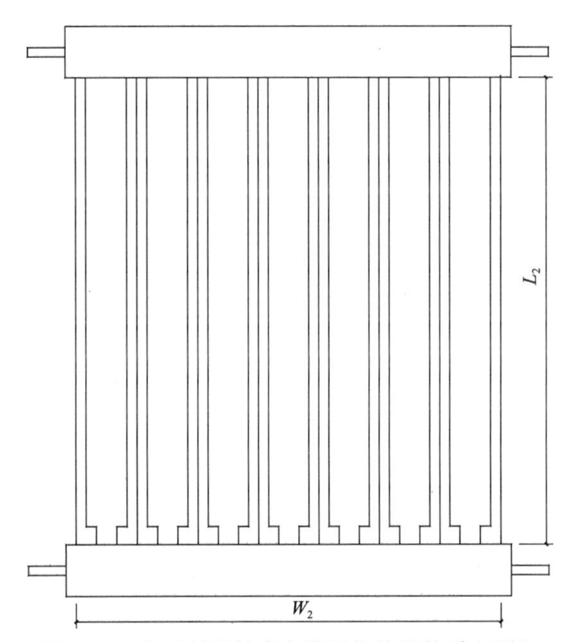

图 1-27 有反射器的真空管型集热器的采光面积

2）基于不同面积的太阳能集热器效率

太阳能集热器基于采光面积和总面积的效率是不同的，其所对应的通过集热器可获取的有用热量（在效率曲线图上体现为该曲线和横、纵坐标轴所包围的面积）也会不同；基于采光面积的效率和有用热量会大于基于总面积的效率和有用热量。

由于构造上的不同，平板型和真空管型太阳能集热器基于两类面积的效率有明显的差别，图 1-28 显示了热性能恰好等于标准规定合格指标时不同产品的效率曲线。可以看出：平板型集热器基于总面积和采光面积效率的差别较小（约 5%），原因是其边框面积很少（边框不可收集太阳能），所以总面积和采光面积的大小差别较小；而真空管型集热器因为有较多的管间距（管之间的空隙不能收集太阳能），造成总面积和采光面积的大小差别较大，所以基于总面积和采光面积效率的差别较大（接近 20%）。

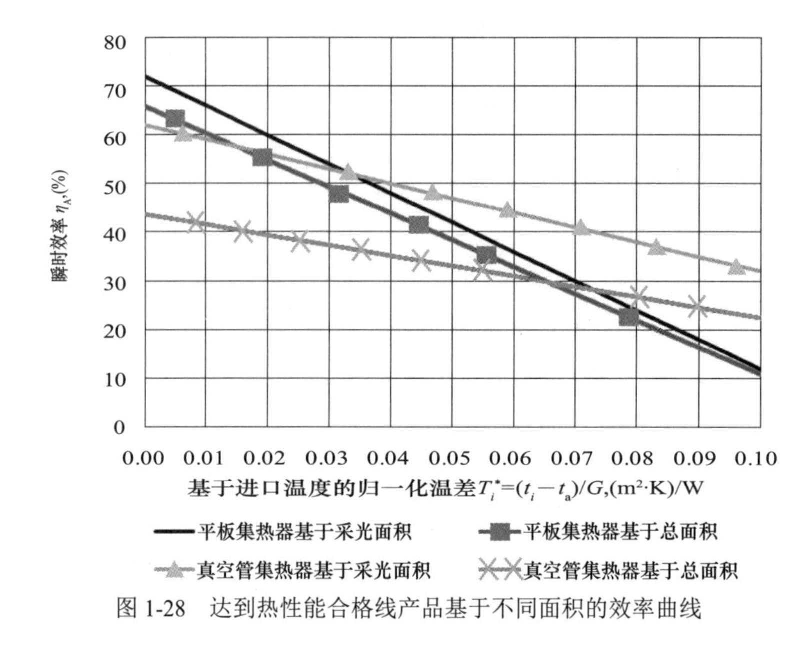

图 1-28　达到热性能合格线产品基于不同面积的效率曲线

刚达到热性能合格线的平板和真空管型集热器（下称合格产品），其基于总面积的效率曲线在归一化温差约等于 0.065 时相交，此时平板和真空管型集热器的效率相等，约为 30%。同时说明：对合格产品，当归一化温差小于 0.065 时，平板型集热器的效率大于真空管型，而在归一化温差大于 0.065 时，真空管型集热器的效率大于平板型。

归一化温差的大小由影响集热器效率的 3 个关键因素决定，这 3 个因素是太阳辐照度、室外环境温度和集热器的工作温度。太阳辐照度和环境温度越高、集热器的工作温度越低，归一化温差越小，对应的效率值越大；而太阳辐照度和环境温度越低、集热器的工作温度越高，归一化温差越大，对应的效率值越小。

图 1-29 显示了热性能优于标准规定合格指标时不同产品（下称优质产品）的效率曲线。其中，平板型和真空管型集热器的效率截距分别为：$\eta_0 = 0.78$ 和 $\eta_0 = 0.77$，总热损系数分别为：$U = 4.9$W/（m^2 • K）和 $U = 1.9$W/（m^2 • K）。

从图 1-29 中可以看出：平板和真空管型集热器的优质产品，其基于总面积的效率曲线在归一化温差约等于 0.052 时相交，此时平板和真空管型集热器的效率相等，约为 47%。而对合格产品，此时平板型集热器的效率约为 38%，真空管型集热器的效率只有约 32%。所以，为保证系统能够达到较高的节能效益，在进行集热器的选型设计时，须根据实测得出的瞬时效率曲线和方程选取。在集热器安装面积一定时，选用高效的优质产品可以达到更好的系统效益。

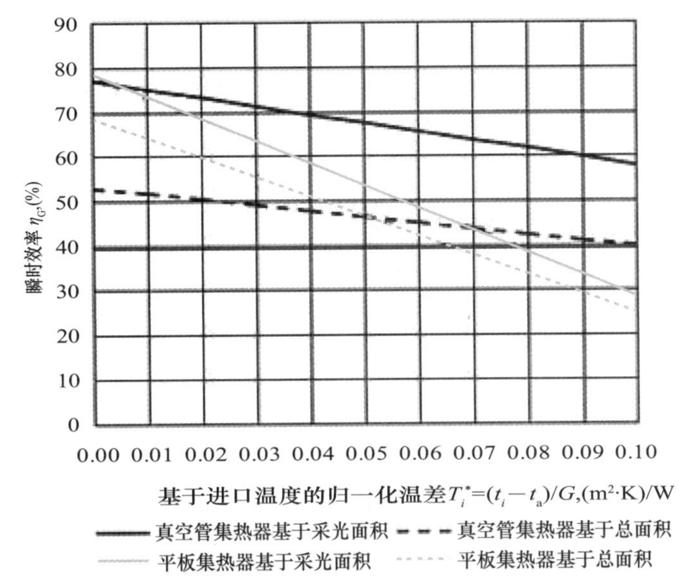

图 1-29　热性能优于标准规定合格指标产品基于不同面积的效率曲线

第 2 章

住宅建筑太阳能应用发展状况

2.1 太阳能热水系统相关政策及标准规范

2.1.1 太阳能热水系统相关政策

太阳能热水系统作为最主要的太阳能热利用方式，在我国得到了蓬勃发展，为国家节能减排、带动就业作出了重要贡献。根据中国、丹麦可再生能源发展项目发布的《中国太阳能发展路线图 2050》，到 2020 年将有约 40% 建筑安装太阳能热水系统，太阳能热水系统装机容量将占太阳能中低温应用装机总量的 82%。

在 2000 年之前，家用太阳能热水系统是市场上的主流产品，绝大多数销往农村地区，解决了广大农民的洗浴问题。与建筑结合较好的太阳能热水系统多在低层住宅和宾馆旅店等热水需求比较集中的地方，采用的系统多为集中集热集中供热的太阳能热水系统，由于建筑的用热水负荷比较大，太阳能可以较好地发挥节能效果。随着建筑行业的发展，太阳能热利用行业也有了较大的发展，2000 年以来，国家及各级政府陆续出台鼓励和支持政策，太阳能热水系统在高层住宅建筑中应用越来越多。

我国已颁布的太阳能热水系统应用相关政策主要有：

1）2008 年国家发展改革委员会联合财政部等五部委发文《北京市太阳能、热水系统城镇建筑应用管理办法的通知》要求，“我国城镇新建建筑强制安装太阳能”。

2）《国家能源局关于公布创建新能源示范城市（产业园区）名单（第一批）的通知》（国能新能〔2014〕14 号）。

该通知中对各示范城市应用的新能源技术和达到的指标做出了明确规定。

3）《中共中央关于制定国民经济和社会发展第十三个五年规划的建议》

在“十三五”时期我国发展的指导思想中明确提出：统筹推进经济建设、政治建设、文化建设、社会建设、生态文明建设和党的建设原则。明确生态环境质量总体改善，作为全面建成小康社会新的目标要求之一。确立实现“十三五”时期发展目标，必须牢固树立并切实贯彻创新、协调、绿色、开放、共享的发展理念。坚持把建设资源节约型、环境友好型社会作为加快转变经济发展方式的重要着力点等。

4）《中国可再生能源发展路线图 2050》

到 2020 年太阳能热利用集热面积保有量达到 8 亿 m^2（560 GWth），民用太阳能热水占比达到 78%。

5）太阳能利用行业“十三五”发展规划意见

规模指标：到 2020 年太阳能热利用集热面积保有量达到 8 亿 m^2（560 GWth），年度总投资额约 1000 亿元。

结构指标：到 2020 年底，实现全国城镇建筑和广大农村地区民用热水推广项目集热面积保有量 2 亿 m^2；供热、采暖、制冷空调系统示范项目集热面积保有量 2 亿 m^2，包括大型区域供热站示范项目 200 座；工农业供热应用示范项目集热面积保有量 1.5 亿 m^2。形成民用热水、供暖和制冷、工农业热力等多元化的市场格局。

6)《财政部 住房城乡建设部关于进一步推进可再生能源建筑应用的通知》(财建〔2011〕61 号)

切实提高太阳能、浅层地能、生物质能等可再生能源在建筑用能中的比重，到 2020 年，实现可再生能源在建筑领域消费比例占建筑能耗的 15%以上。“十二五”期间，开展可再生能源建筑应用集中连片推广，进一步丰富可再生能源建筑应用形式，积极拓展应用领域，力争到 2015 年底，新增可再生能源建筑应用面积 25 亿 m^2 以上，形成常规能源替代能力 3000 万 t 标准煤。

集中连片推进可再生能源建筑应用。为进一步放大政策效应，“十二五”期间，财政部、住房和城乡建设部将选择在部分可再生能源资源丰富、地方积极性高、配套政策落实的区域，实行集中连片推广，使可再生能源建筑应用率先实现突破，到 2015 年重点区域内可再生能源消费量占建筑能耗的比例达到 10%以上。

加大在公益性行业及城乡基础设施推广应用力度，使太阳能等清洁能源更多地惠及民生。积极在国家机关等公共机构推广应用可再生能源，充分发挥示范带动效应。

以上文件中对太阳能等可再生能能源的推广和应用做出了相关规定。

2.1.2　相关标准规范

1)《绿色建筑评价标准》GB/T 50378—2014 对于可再生能源的要求

(1) 申请评价方应进行建筑全寿命周期技术和经济分析，合理确定建筑规模，选用适当的建筑技术、设备和材料……并提交相应的分析报告、测试报告和相关文件。

(2)(2006 版) 根据当地气候和自然资源条件，充分利用太阳能、地热能等可再生能源。可再生能源的使用量占建筑总能耗的比例大于 5%(一般项)。优选项中要求为 10% 或 15%。在 2014 版中，条款则改为“由可再生能源提供的生活热水比率 R_{hw}”，依据计算所得 R_{hw} 不同，采用综合递进打分的办法。

2) 北京市地方标准《居住建筑节能设计标准》DB 11/891—2012 强制规定

1. 住宅应设计生活热水供应系统，其热源应按下列原则选用：

1) 应优先采用工业余热、废热和太阳能；

……

4) 当有其他热源可利用时，不应采用直接电加热作为生活热水系统的主体热源。

2. 当无条件采用工业余热、废热作为生活热水的热源时，住宅应根据屋面能够设置集热器的有效面积 F_{wx} 和计算集热器总面积 A_{jz}，按以下要求设置太阳能热水系统：

1) 12 层及其以下的住宅和 12 层以上 $F_{wx} \geq A_{jz}$ 的住宅，应设置供应楼内所有用户的太阳能热水系统。

2) 12 层以上 $F_{wx} < A_{jz}$ 的住宅，也宜设置太阳能热水系统，除宜在屋面集中设置太阳能集热器外，还宜在住户朝向合适的阳台分户设置集热器。

3. 判定住宅是否必须设置供应全楼所有用户的太阳能热水系统时，屋面能够设置集热器的有效面积 F_{wx} 应按式（5.3.3-1）确定，计算集热器总面积 A_{jz} 应按式（5.3.3-2）确定。

$$F_{wx} = 0.4F_{wt} \quad (5.3.3\text{-}1)$$

$$A_{jz}=2.0m_z \quad (5.3.3\text{-}2)$$

式中　F_{wx}——屋面能够设置集热器的有效面积（m^2）；

F_{wt}——屋面水平投影面积（m^2）；

0.4——屋面能够设置集热器的有效面积占屋面总投影面积的比值;

A_{jz}——计算集热器总面积（m^2）；

m_z——建筑物总户数;

2.0——太阳能保证率为 0.5 时，满足每户热水量需要的屋面集热器面积（m^2/户）。

……

6. 太阳能热水系统必须与建筑设计和施工统一同步进行。

2.1.3 其他相关政策文件

《北京市太阳能热水系统城镇建筑应用管理办法》（京建法〔2012〕3 号），对太阳能热水系统的应用提出了强制安装条件。

本市行政区域内新建城镇居住建筑，宾馆、酒店、学校、医院、浴池、游泳馆等有生活热水需求并满足安装条件的新建城镇公共建筑，应当配备生活热水系统，并应优先采用工业余热、废热作为生活热水热源。不具备采用工业余热、废热的，应当安装太阳能热水系统，并实行与建筑主体同步规划设计、同步施工安装、同步验收交用。……鼓励具备条件的既有建筑通过改造安装使用太阳能热水系统。……鼓励农民住宅和村镇公共建筑中使用太阳能热水系统解决生活热水和冬季采暖的部分用能需求。

（1）城镇公共建筑和 7 ～ 12 层的居住建筑，应设置集中式太阳能集热系统。

（2）13 层以上的居住建筑，当屋面能够设置太阳能集热器的有效面积大于或等于按太阳能保证率为 50% 计算的集热器总面积时，应设置集中式太阳能集热系统。

（3）13 层以上的居住建筑，当屋面能够设置太阳能集热器的有效面积小于按太阳能保证率为 50% 计算的集热器总面积时，应采取集中式与分散式相结合的太阳能集热系统，亦可采用集中式太阳能集热系统与空气源热泵相结合的热水系统。

（4）6 层以下的居住建筑可选用集中式或分散式太阳能热水系统。

采用集中式太阳能集热系统的，提倡居民在每天 12 时至 24 时之间使用该系统提供的热水。

2.2 住宅建筑太阳能热水系统应用实例

2.2.1 房山区山区人口迁移集中定向救灾安置房太阳能热水工程

1）系统概况

房山区安置房项目位于北京市房山区阎村，该项目从2013年10月开始设计，2014年8月竣工，2014年9月正式运行。建筑类型为新建板楼，屋面形式为平屋面。总建筑面积为271062m^2，共计18栋楼，2548户。建筑高度为35m，南向楼间距为60m（图2-1）。

该项目选用了平板阳台壁挂式太阳能热水系统，采用电热水器作为辅助能源类型，采用分户循环方式。可以满足用户全年的热水需求。该项目选用的集热器形式为平板型太阳能集热器（图2-2）。

图2-1　建筑立面实景图

图2-2　竣工集热器系统

2）系统总结

该项目在设计时将太阳能集热器的设计纳入小区的总体设计，将建筑设计、太阳能技术和景观设计融为一体，使建筑更为美观实用。同时，该项目采取了防水垢和防风措施。通过采用冷水防垢阻垢器装置，阻止了水垢的产生。通过建筑南墙结构层内预留固定螺栓的方式，使得整个系统变得更加坚固。该系统运行可靠，使用时间长，太阳能热水器和水箱热水器的设计使用寿命都在 15 年以上，电气设备的设计使用寿命也在 8 年以上。

该系统为单户单套式安装使用，使用可靠，物业管理方便，采用自然循环运行方式，集热器安装于阳台栏板位置，可作为建筑构件使用，采用壁挂式安装方式，外形美观，水箱置于承重墙上。该项目的系统保证率设计值为 0.6，集热器瞬时效率截距为 0.79，集热器热损系数为 4.5W/（m^2 • K），使用防冻液作为介质，可以抗 − 25℃低温。

2.2.2　北京金融街融汇太阳能热水系统

1）系统概况

北京金融街融汇项目位于北京市大兴区天宫院地铁旁，为新建居住建筑，屋面为平屋面，总建筑面积为 288300m^2，共计 15 栋楼，总户数为 3120 户，建筑高度为 65m，南向楼间距为 60m。该项目采用全玻璃真空管集热器，实际集热器总面积为 138.6m^2（图 2-3）。

图 2-3　实景图

该项目太阳能热水系统采用集中集热—分散供热系统，辅助能源类型为电热水器，循环方式为集中循环，于 2014 年由天普新能源科技有限公司完成设计安装。太阳能热水直接式集中供水系统，24h 供应热水，太阳能集热器和集中储热水箱安装在平屋面上，供热水箱（内置盘管）和电热水器分户安装。辅助热源为分户电热水器（图 2-4）。

图 2-4　竣工后的集热系统

2）系统总结

该系统在设计方面主要具有以下几个特点：第一，该系统采用计量收费，有效地解决了收费的公正问题。第二，该系统采用了防炸管全玻璃真空管集热器，有效地延长了设备的使用寿命。第三，该系统集热场采用自然循环、供水采用自来水顶水出水，可以有效降低能耗。第四，该系统采用了在供热水初始端混水，用水末端辅助加热的方式进行供水，有效保证了全天候的恒温供水。第五，该系统中采用天普研发的工程型易生活模块，成套集热场组件。根据现场条件设计好安装角度后，自由组合，样板式安装，更加简单便捷，极大程度地提高了安装效率。

经过实际使用效果测试，集热系统效率约为 40%，太阳能保证率约为 50%。

经过节能环保效益分析，该系统全年的常规能源替代量为 1943.2tce，年节约费用为 7909634 元，静态投资回收年限为 2.3 年，节能效果显著。

2.2.3　北京孋景长安太阳能热水工程

1）系统概况

北京孋景长安项目位于北京市门头沟区永定镇，项目竣工时间为 2016 年 3 月，正式运行时间为 2016 年 5 月。该项目的建筑功能为住宅建筑，建筑类型为新建高层板楼，屋面形式为平屋面，总建筑面积为 273993m^2，共计 9 栋楼，总户数为 1599 户，建筑高度为 90m（图 2-5）。

图 2-5　实景图

该项目采用集中集热—分户储热太阳能热水系统，辅助能源类型为电加热器，采用集热器强制循环，热媒供热循环方式。采用全玻璃真空管集热器，集热器的尺寸为3310mm×2080mm，集热器总面积为186m^2。该项目采用太阳能热水间接加热供水系统，太阳能贮热水箱换热供水，24h供应热水，太阳集热器安装在平屋面上，过渡水箱等设备安装在屋面，分户储热（带内置换热盘管）水箱、分户电辅助加热器安装在室内。

2）系统总结

该项目的太阳能保证率为0.5，集热器全日集热效率为0.45。该项目设有集热循环泵和过度缓冲水箱，既提高了换热效率又延长了系统的使用寿命。该项目楼顶集热系统采用温控循环防冻和伴热带防冻，从而增强了系统的安全性。该系统还设计了防盗热功能，可以防止热媒带走用户水箱内的热量，节能效果显著（图2-6）。

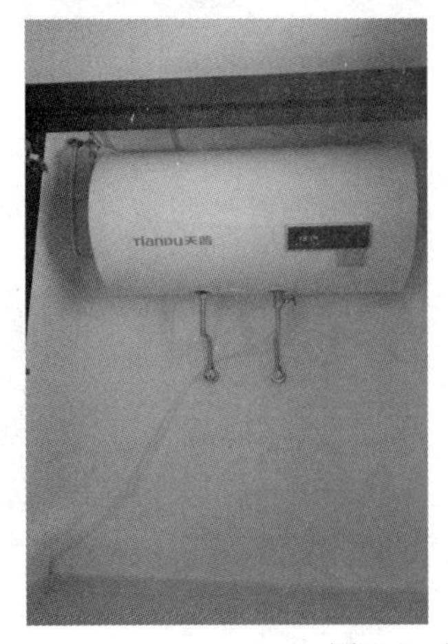

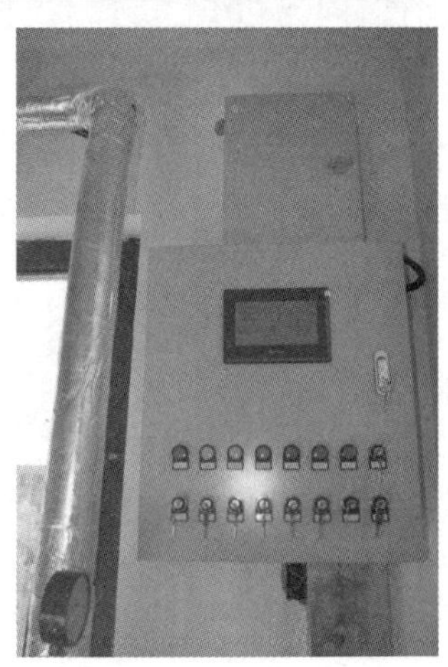

图2-6 竣工后集热器、水箱及控制系统

2.2.4　河北围场塞罕坝家园小区太阳能热水工程

1）系统概况

该项目位于河北省围场满族蒙古族自治县赛罕家园小区，包括赛罕家园北区1号、2号、3号、4号住宅楼及赛罕家园A、B座住宅楼。1号住宅楼18层，2号、3号、4号住宅楼17层，A、B座住宅楼15层。该项目共包括554户，总建筑面积115971.1m^2。

该项目住宅热水供应采用集中集热—分户储热式太阳能热水系统，采用电加热作为辅助热源。集热器形式为全玻璃真空管集热器，集热器总面积为1065m^2。集热器和缓冲水箱安装于屋面，分户水箱安装于住户卫生间和主管道进行热交换（图2-7、图2-8）。

图2-7　屋面太阳能集热器安装

图2-8　室内分户水箱的安装

2）系统总结

该项目的集热效率为 0.6，太阳能保证率为 55%。通过进行节能环保效益分析，该项目的年平均节能量约为 3707037MJ，每年可以替代标准煤 210.8t，每年的 CO_2 减排量为 520.7t，SO_2 减排量为 4.2t，粉尘减排量为 2.2t。

该系统还具有以下特点：第一，选用了天普抗炸管抗过热抗缺水抗断电自防冻能承压全玻璃真空管集热器。该集热器是在全玻璃真空管集热器内置不锈钢换热器，使热水箱内的生活热水与集热器内传热工质分开，增加了集热器的承压能力和运行的稳定性。每一支真空集热管和联集箱中的水与换热循环管道并不相通，即使玻璃真空管意外损坏一支，只是减少了损坏处局部吸热效果，系统仍可正常运行。同时，真空管中的水为传热“介质水”，几乎不消耗，不再有钙镁离子补充，因而真空管玻璃内壁不易结水垢，可长久保持高效率的集热效果。系统换热盘管采用防冻液作为循环介质，抗冻性能优越。第二，太阳能集热系统采用定温 + 温差的循环方式，避免了无效的低温循环。第三，冷水管路防冻采用热水管路伴热的方式防冻，无伴热条件的通过引风的方式，利用室内热风防冻，并在所有冷水管路上安装电伴热带防冻，多重防冻措施保证系统不冻结。

2.2.5　北京嘉泽生态住宅小区太阳能热水工程

1）系统概况

北京嘉泽生态住宅小区位于北京市昌平区马池口，该项目建筑类型为别墅叠拼建筑，屋面形式为坡屋面。建筑面积 55000m^2，共计 171 栋楼，总户数为 171 户，建筑高度 11m（图 2-9）。

图 2-9　建筑立面实景图

该项目采用平板分体承压式太阳能热水系统，辅助能源类型为燃气壁挂炉，循环方式为温差＋定温循环。24h 供热，采用具有蓝膜涂层的平板集热器，集热器总面积为 684m²。太阳能集热器安装在坡屋面上，分体承压水箱安装在地下室设备间。

2）系统总结

该系统的太阳能集热器效率为 0.5，太阳能保证率为 60%。该项目实现和示范了分户太阳能系统与燃气壁挂炉结合在住宅项目中的应用，解决了太阳能与燃气结合供热双能源供热系统切换的难题，扩大了太阳能的应用领域。并在太阳能系统实施的过程中，做到了太阳能系统与建筑一体化，实现了建筑美观和功能的和谐统一。真正实践了低碳微排节能小区的理念，为提倡低碳减排循环经济作出了贡献（图 2-10）。

图 2-10　机房及末端设备

2.2.6　北京雁栖湖定向安置房太阳能热水工程

1）系统概况

北京雁栖湖生态发展示范区环境整治定向安置房项目位于北京市怀柔区大中富乐

村，建筑类型为新建板楼，屋面形式为坡屋面，总建筑面积为 200454.59m^2，总共 13 栋楼，总户数为 1254 户，建筑高度为 44.84m，南向楼间距 60m。

该项目采用集中集热—集中储热—分户计量的太阳能热水系统，辅助能源类型为燃气壁挂炉，采用集中循环方式。采用平板集热器，集热器总面积为 2063.4m^2。该项目有多个水箱，高压区水箱安装于平屋面，低压区水箱安装于地下室设备间（图 2-11、图 2-12）。

图 2-11　建筑立面实景图

图 2-12　机房及末端设备

2）系统总结

该项目的太阳能集热器效率为0.5，太阳能保证率设计值为0.52。通过节能经济环保效益分析，该系统每年节约能耗为26156MJ，年节约标准煤1.27t，每年可以节约531805元，经济效益显著。

该系统还在供水主管道安装混水阀，有效克服了太阳能水压不稳定对燃气壁挂炉的冲击，提高了系统的安全性。

2.3 住宅建筑太阳能采暖系统应用实例

北京某农业服务中心

该农业服务中心位于北京市大兴区西部。该项目总占地面积约7314m^2，其中有总建筑面积为1680m^{2}的两个阳光温室（生态园），采暖面积5634m^2，建筑高度为3.9m。地上共1层，主要功能为办公室、会议室、开水间、卫生间、食堂、餐厅、储藏室、宿舍、客房包间等多功能办公区提供全年生活热水、开水、电源、冬季采暖及夏季制冷（图2-13）。

图2-13 农业服务中心工程实景图

本工程涉及太阳能联合地源热泵的采暖和制冷系统、太阳能热水与开水系统、光伏发电系统、LED显示与数据采集系统、远端互联网控制系统，实现了多系统于一体、多种新能源相结合的综合能源利用模式。全面充分利用太阳能资源，无需专人值守，全自动运行，实现节能环保、清洁供能（图2-14、图2-15）。

系统采用太阳能和土壤源热泵相结合，弥补太阳能不稳定性和间歇性的缺点，并减小太阳能集热器和地埋管换热器面积，二者联合运行能满足供暖要求。系统可分为太阳能集热蓄热循环和土壤储热取热循环两大系统，由地源热泵、太阳能集热器、储热水箱、管道循环泵、连接管道、风机末端、控制系统等辅材构成。

图 2-14 农业中心光热系统局部图

图 2-15 农业中心光伏系统局部图

地源热泵的工作原理为：通过地埋管道内的液体将地下的热量导出，并通过热泵机组升温后供建筑物采暖，由于土壤本身热量来自太阳被动传导和地核传导出来的，能够被热泵利用的很有限，系统运行过程中，地埋管换热器周围土壤温度场会因逐渐削弱得不到有效恢复而使热泵效率降低，因此采用太阳能季节性土壤蓄热可以把除冬季外收集的太阳能通过地埋管换热器蓄存在土壤之中，冬季再用热泵将热量从土壤中取出的补热方式进行供暖，同时蓄存冷量，以备夏用。在夏天，热量从建筑物内抽出，通过系统排入地下，同时蓄存热量，以备冬用。将太阳能转换成热水，将热水储存在水箱内，然后通过采暖循环输送到发热末端（风机盘管散热器采暖、制冷），提供建筑采暖、制冷和生活热水（图 2-16）。

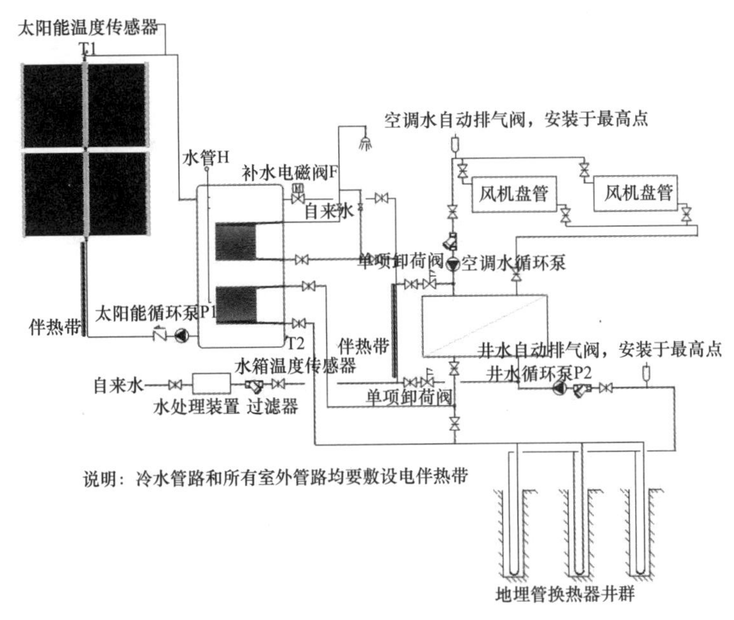

图 2-16　太阳能储热＋地源热泵采暖制冷系统原理图

经本项目的实际测算2015年11月24日～12月10日共计17天，用电40080kWh，建筑面积5634m^2。平均每天用电量0.42kWh／（m^2·d），每个采暖季用电量为51kWh／（m^2·d）。

该项目实施后20年内生活热水、夏季制冷和冬季采暖每年可减少燃煤270.8t，CO_2减排709.49t，SO_2减排2.3t，氮氧化物（NO_X）减排5.25t。本项目运行无任何污染，无燃烧、无排烟，不产生废渣、废水、废气和烟尘，不会产生城市热岛效应，换热介质依靠管道循环泵封闭流动，不与地下水混合接触。因此，本系统不需要抽取和回灌地下水，对地下水资源没有任何影响，也不会对周围土壤环境造成任何影响。

该项目设计是对太阳能采暖的跨季节土壤储热技术的进一步尝试，为太阳能采暖大型区域供热应用积累了丰富的经验，起到了大型太阳能采暖应用示范的作用，并在初级阶段达到了预期的设计效果。进一步统计分析该项目的后期运行阶段的各个监测记录数据，对该项目长期持续的跟踪和科学客观的评价并不断完善修正后期其他项目设计仍有很长的路要走。后期的分析跟踪将为跨季节储热式太阳能区域供热技术奠定一定的基础。

本项目采用的“太阳能＋地源热泵集热技术”符合国家和北京市关于节能、环境保护的有关规定。利用成熟的可再生能源技术，既节省了常规化石能源消耗，降低了运营成本，又有利于周边地区的大气环境治理。本项目建成实施后，可产生较好的社会效益和经济效益，对树立正确的节能环保意识，起到积极的示范作用。为在北京平原地区推广使用太阳能综合利用技术，提供良好的示范作用。

项目运营期间，天普公司将充分利用智能监控平台的大数据进行分析，与使用单位一起加强维护、管理，使项目在较长时间内发挥更大的效益。

第3章

太阳能热水系统与高层住宅建筑一体化设计

太阳能热水工程涉及建筑行业和太阳能热利用行业，其规划、设计与建设包括了建筑、结构、给水排水和电气等各个专业，是一个综合性的系统工程，必须纳入建筑工程管理体系，对太阳能热水系统的优化设计、施工安装、系统调试、工程验收、运行维护与性能监测的全过程严格质量控制，才能真正实现预期的节能、环保效益，并获得良好的经济性。

应根据当地的太阳能资源、气候条件、消费水平、建筑类型、用户使用要求和运行维护能力等综合影响因素，进行技术经济比较，做到因地制宜、优化设计，使太阳能热水系统能够全年使用，供热功能（水量、水压）和热水品质（水温、水质）符合相关国家标准（《建筑给水排水设计规范》GB 50015—2003、《民用建筑太阳能热水系统应用技术规范》GB 50364—2005）的规定。

3.1 最大化利用太阳能的住宅建筑规划设计原则

3.1.1 总体设计原则综述

1）合理确定太阳能热利用的技术类型

应用太阳能热利用系统是建筑节能设计的重要技术手段，太阳能热利用系统与建筑一体化就是其设计工作的关键。规划中要结合建筑单体或群体的功能特点及对太阳能热利用的需求来确定太阳能热利用系统的技术类型，包括利用太阳能提供热水，利用太阳能供热采暖，利用太阳能制冷空调以及综合利用等。在总体规划设计时需要充分调研，仔细分析，科学评估，统筹规划。实际工作中要综合分析环境、气候特点、太阳能资源常规辅助能源类型以及供给条件，再与建筑功能需求和投资的多少结合起来，做经济技术分析，权衡利弊，找出最佳可行的应用方式，科学合理地确定太阳能热利用的技术类型。这是太阳能热利用与建筑一体化规划设计中应考虑的首要问题。

2）建筑设计与太阳能热利用系统设计同步进行

应用太阳能热利用系统的单体建筑或建筑群体，包括利用太阳能提供热水、供热采暖、制冷空调以及综合利用等，无论在做规划布局设计或做单体建筑设计时，均宜与太阳能热利用系统设计同步进行，以保证所选用的太阳能热利用系统各个部分及其辅助设施与建筑规划布局直至单体建筑设计能够有机结合，成为建筑规划设计中合理的不可分隔的部分。

3）建筑设计应满足太阳能热利用系统与建筑结合安装的技术要求

应用太阳能热利用系统的建筑或建筑群体，规划设计中，除像一般规划设计要考虑的建筑功能、场地条件、周边环境等制约规划设计的诸因素外，确定建筑布局、群体组合和空间环境时还特别需要结合场地的地理条件、当地地域的气候条件、日照条件（太阳能资源）等因素来确定和设计建筑的朝向、建筑之间的间距及建筑形体组合，最大限度地满足太阳能热利用系统设计和安装的技术要求。

4）太阳能集热系统选型

太阳能集热系统的选型是应用太阳能热利用系统建筑规划设计的重要内容。设计者不仅要创造新颖美观的建筑体型及立面造型，合理设计太阳能集热系统各组成部分的安装安放位置，还要结合建筑功能及其对热水供应方式的需求，综合考虑太阳能资源、常规辅助能源类型、可供给的方式与条件、施工条件等因素，比较不同类型太阳能集热系统的性能、优缺点、造价，进行经济技术分析。在充分综合比较后，酌情选择适用的、性能价格比高的太阳能集热系统。

5）太阳能集热器的设置

太阳能集热器是太阳能集热系统重要的组成部分，也是应用太阳能热利用系统建筑设计中需重点设计的内容，在建筑上合理设计太阳能集热器的安装位置尤为重要。太阳能集热器一般设置在建筑屋面（平、坡屋面）、阳台栏板、建筑外墙面上，或设置在建筑的其他部位，如女儿墙、建筑屋顶的披檐上，甚或设置在建筑的遮阳板上、建筑物的屋顶飘板等能充分接受阳光的位置。建筑设计需将所设置的太阳能集热器作为建筑的组成元素，与建筑有机结合，保持建筑统一和谐的外观，并与周围环境相协调。设置在建筑任何部位的太阳能集热器应与建筑锚固牢靠，保证其安全坚固，同时不得影响该建筑部位的承载、防护、保温、防水、排水等相应的建筑功能。

6）考虑太阳能热利用系统的维护

应用太阳能热利用系统与建筑一体化设计，其重要组成部分的太阳能集热器使用寿命有限，一般在10年左右，而建筑的寿命通常在50年以上。太阳热利用系统各个部件在使用中不仅需要安全安装维护，如像太阳能集热器还需要保养更换。为此，建筑设计不仅考虑地震、风荷载、雪荷载、冰雹等自然破坏因素，还应为太阳能热利用系统的日常维护，尤其是太阳能集热器的安装、维护、日常保养、局部更换提供必要的安全便利条件。

3.1.2　规划布局设计原则

太阳能热利用系统与建筑一体化设计应从建筑群体或建筑单体规划布局开始即与太阳能热利用系统设计同步进行。

太阳能热利用系统与建筑一体化设计，规划布局首先要根据当地气候特点及建筑功能需求，合理确定拟采用的太阳能热利用系统的技术类型。

通常，除用太阳能提供热水可在全国各地、全年使用外，利用太阳能供热采暖即提供热水并在冬季采暖技术，由于满足冬季采暖的太阳能集热器面积在夏季使用时相对过大，会影响系统的使用功能和工作寿命，则需要统筹规划、综合利用，做到尽可能地充分利用热源，增加其节能、经济效益。而与建筑一体化设计的太阳能供热制冷空调工程，虽能全面体现出建筑上太阳能热利用技术的综合设计，但因其投资较高，统筹规划时更需要慎重考虑、酌情策划，根据当地条件合理选择。一般，严寒、寒冷地区适宜供热采暖综合利用，夏热冬冷和夏热冬暖地区适宜供热制冷空调综合利用。

太阳能热利用系统的主要组成为太阳能集热系统，太阳能集热器的装置是规划设计的关键。装置太阳能集热器的建筑，主要朝向宜朝南，或南偏东、南偏西 30° 角的朝向。为此，建筑体型及空间布局组合应与太阳能集热系统紧密结合，为充分接收太阳照射尽力创造条件。

太阳能热利用系统与建筑一体化设计、规划布局时，建筑间距除应满足所在地区日照间距的要求外，装有太阳能集热器的建筑应能满足不少于 4h 日照时数的要求，同时不应因太阳能集热系统设施的布置影响相邻建筑的日照标准。

在装置太阳能集热器的建筑物周围设计景观设施及周围环境配置绿化时，应注意避免对投射到太阳能集热器上的阳光造成遮挡。

合理布局太阳能热利用系统各个组成部分及其辅助设施的位置，注意与建筑规划及建筑设计有机结合，依据相关国家标准规范做规划设计，力求内在满足功能需求、外在美观安全，节能效益与经济效益相并兼顾。

3.1.3 建筑设计原则

应用太阳能热利用系统的建筑设计应与太阳能热利用系统设计同步进行，其设计由建筑设计单位与太阳能行业技术人员共同完成。

建筑设计应合理确定并妥善安排太阳能热利用系统各组成部分在建筑中的空间位置，将其与建筑有机结合、一体化设计。特别要注意满足各组成部分的技术要求，充分考虑所在部位的荷载，并满足其所在部位牢固安装及其相应的防水、排水等技术要求。同时，建筑设计应为系统各部分的安全维护检修，提供便利条件。

建筑的体型及空间组合应充分考虑可能对太阳能热利用系统造成的影响，安装太阳能集热器的部位应能充分接受阳光的照射，避免受建筑自身凹凸及周围景观设施、绿化树木的遮挡，保证太阳能集热器的日照时数不少于 4h。

安装的太阳能集热器与建筑屋面、建筑阳台、建筑墙面等共同构成围护结构时应满足该部位建筑功能和建筑防护的要求。太阳能集热器的设置应与建筑整体有机结合、和谐统一，并注意与周围环境相协调。

建筑设计应对设置太阳能集热器的部位采取安全防护措施，避免因太阳能集热器损坏可能对人员造成的伤害。可考虑在设置太阳能集热器的部位如阳台、墙面等处的下方地面进行绿化草坪的种植，防止人员靠近。也可以采取设置挑檐、雨篷等遮挡的防护措施。总之，应精心设计，把安全放在第一位。

建筑设计应为太阳能热利用系统的安装、维护提供安全便利的操作条件。如平屋面设有出屋面上人孔做检修出口，便于维修人员上下出入。坡屋面屋脊的适当部位预埋金属挂钩，以备拴系用于支撑专业安装人员的安全带等技术措施，确保专业人员在系统安装维护时安全操作。

太阳能集热器不应跨越建筑变形缝设置。建筑主体结构的伸缩缝、抗震缝、沉降缝等变形缝处两侧，在外因条件影响下会发生相对位移，太阳能集热器跨越变形缝设置会由于此处两侧的相对位移而扭曲损坏。因此太阳能集热器不应跨越主体结构变形缝设置。

3.1.4　建筑平面及空间布局设计原则

太阳能热利用系统与建筑一体化设计需明确其各部分的技术要求，合理确定系统各个组成部分在建筑中的平面、空间位置。例如，不同类型的太阳能热水系统，其对太阳集热器与贮水箱的相对位置要求不同，像自然循环的太阳能热水系统，贮水箱放置位置需略高于太阳能集热器等问题，在设计时要给予充分的注意。

太阳能集热系统中，为避免管道过长，常常要求太阳能集热器与贮水箱尽量靠近，而在建筑布局中会形成一定的矛盾。太阳能集热器一般设置在朝南向，充分接受阳光的位置，而南向的建筑空间相当宝贵，很难留出空间放置贮水箱，这就需要设计者综合考虑利弊、合理确定其相对位置。

太阳能是天然的清洁能源，但不稳定，所以必须考虑辅助热源，如电、燃气（包括煤气、天然气、石油液化气）等常规热源的补充。因系统对辅助热源设置方式要求不同（例如外置系统、内置系统等），建筑设计选定之后，在平面布局中应留有相应合理的位置，满足其技术要求，确保辅助热源设施安全运行及安全操作、维护。

作为太阳能热利用系统重要组成部分的一系列管道，如冷水给水管、热水供水管、排水管以及电气管线等，应合理布局、设计其在建筑中的最佳走向，并有序地将众多管道和设备管线安置在建筑空间内。竖向管道宜安设在竖向管道井中，做到安全隐蔽，又便于维护、检修。

与太阳能热利用系统有关的其他设备设施，应按其技术要求有序组织在建筑空间内，同样要安全隐蔽，便于操作、维护。

在太阳能热利用系统中安装的计量装置，其安装位置宜考虑方便读数和维护。

3.2　太阳能集热系统与建筑一体化设计

建筑外观是建筑总体形象的外部体现，是一幢建筑或一组建筑群体的外部形象，是建筑给予人们的第一感受。人们会对建筑的外观评头论足，或批评指责，或欣赏称赞，或许会被建筑的外观形象所感动，甚至被震撼。建筑外观是人们评价建筑的重要因素之一，建筑外观设计的好坏常常影响人们对该建筑的认同。设计人员在建筑设计的过程中，在满足建筑的使用功能基础上，总是精心地设计、一丝不苟地推敲建筑的外形，创造性地处理建筑的空间组合，尽力设计表达建筑外貌特征的建筑形式。

应用太阳能热利用系统的建筑，由于太阳能集热系统的重要组成部分太阳能集热器的设置，为建筑的外观增加了一项带有科技内容的因素，其设置的技术要求较为严格，如对倾角的要求，接迎太阳照射的方向要求等，太阳能集热器的设置不仅影响系统的有效运行，还直接影响到建筑的外观，这无疑是对建筑设计提出的挑战。因此，处理好建筑外观与太阳能集热器的关系尤为重要。建筑设计需将太阳能集热器作为建筑的重要组成元素，将其有机地结合到建筑的整体形象中，既不能破坏建筑的整体形象与风格，又要精心设计，使太阳能集热器这项科技元素的加入为建筑风貌增添光彩，创造出与太阳能热利用系统一体化设计的新型建筑形式。

较为常见的方式是将太阳能集热器设置在建筑的屋面（平、坡）上，建筑的外墙面上、阳台上，或女儿墙、建筑披檐上，或者用在建筑遮阳板的位置，以及庭院花架，建筑物屋顶飘板等能充分接受阳光、建筑又允许的位置。由于太阳能集热器与建筑一体化的结合设计，会有崭新的充分表达太阳能热利用系统科技内容的新颖的建筑形式出现。

1）太阳能集热器在平屋面上设置的建筑设计原则

太阳能集热器设置在平屋面上是最为简单易行的设计方法。其优点是安装简单，可放置的太阳能集热器面积相对较大，特别对东西朝向的建筑物来说，把太阳能集热器设置在其平屋面上是一种很好的解决问题方式。

其设计原则如下：

（1）放置在平屋面上太阳能集热器的日照时数应保证不少于4h，互不遮挡、有足够的间距（包括安装维护的操作距离），排列整齐有序。

（2）太阳能集热器在平屋面上安装需通过支架或基座固定在屋面上。建筑设计为此需计算设计适配的屋顶预埋件，以备用来安装固定太阳能集热器，使太阳能集热器与建筑锚固牢靠，在风荷载、雪荷载等自然因素影响下不被损坏。

（3）建筑设计应充分考虑设置在屋面上太阳能集热器（包括基座、支架）的荷载。

（4）固定太阳能集热器的预埋件（基座或金属构件）应与建筑结构层相连，防水层需包到支座的上部，地脚螺栓周围要加强密封处理。

（5）平屋面上设置太阳能集热器，屋顶应设有屋面上人孔，用做安装检修出入口。太阳能集热器周围和检修通道，以及屋面上人孔与太阳能集热器之间的人行通道应敷设刚性保护层，可铺设水泥砖等用来保护屋面防水层（图3-1~图3-3）。

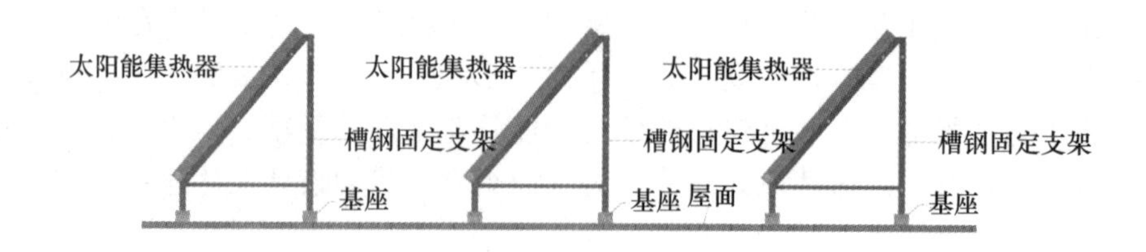

图3-1　平屋面上太阳能集热器设置示意图

图 3-2　工程实例

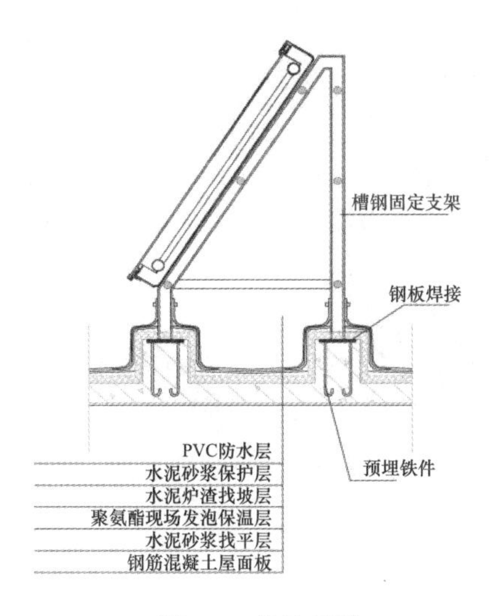

图 3-3　做法示意

（6）太阳能集热器与贮水箱相连的管线需穿过屋面时，应预埋相应的防水套管，对其做防水构造处理，并在屋面防水层施工之前埋设安装完毕。避免在已做好防水保温的屋面上凿孔打洞。

（7）屋面防水层上方放置太阳能集热器时，其基座下部应加设附加防水层。

2）太阳能集热器在坡屋面上设置的建筑设计原则

将太阳能集热器设置在坡屋面上是太阳能热利用系统与建筑结合的最佳方式之一。不同风格、不同坡度比例、不同色彩的坡屋面会使建筑立面丰富，建筑形体不单调而赏心悦目。坡屋顶设计用在民用建筑中，特别是用在住宅公寓建筑受到众人的青睐。与坡屋面有机结合、将太阳能集热器设置在坡屋面之上，又为整体坡屋面增加了科技色彩，无疑成为建筑的一大亮点。设计者应将太阳能集热器高质量、高水平地安置在建筑坡屋面之中。

其设计原则如下：

（1）为使太阳能集热器与建筑坡屋面有机结合、协调一致，宜将其在向阳的坡屋面上顺坡架空设置或顺坡镶嵌设置。

（2）建筑坡屋面坡度的选择。

建筑设计宜根据太阳能集热器接受阳光的最佳角度来确定坡屋面的坡度，一般原则是：建筑坡屋面的坡度宜相当于太阳能集热器接受阳光的最佳角度，即当地纬度±10° 左右。

（3）太阳能集热器在坡屋面上放置的位置。

根据优化计算确定的太阳能集热器面积和选定的太阳能集热器类型，确定太阳能集热器阵列的尺寸（长 × 宽）后，在坡屋面上摆放设计时，应综合考虑立面比例、系统的平面空间布局（有太阳能集热器与贮水箱靠近的要求）、施工条件（留有安装操作位置）等一系列因素，精心设计太阳能集热器在坡屋面上的位置。

（4）太阳能集热器在坡屋面上放置的方法及需解决的关键问题。

在坡屋面上设置的太阳能集热器有顺坡架空设置和顺坡镶嵌设置两种方式。

① 顺坡架空设置（图 3-4 ～图 3-6）

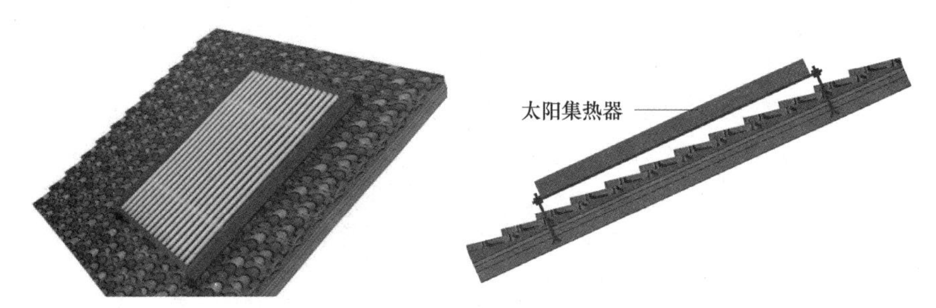

图 3-4　坡屋面上太阳能集热器顺坡架空设置示意图

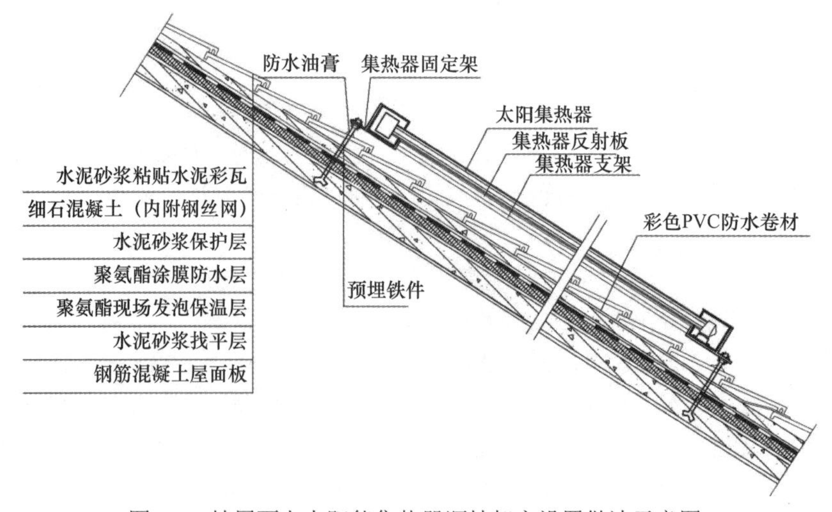

图 3-5　坡屋面上太阳能集热器顺坡架空设置做法示意图

a．顺坡架空设置的太阳能集热器支架应与埋设在屋面板上的预埋件可靠牢固连接，能承受风荷载和雪荷载。预埋件及连接部位应按建筑相关规范做好防水处理。

b．埋设在屋面结构上的预埋件应在主体结构施工时埋入，同时要与设置的太阳能集热器支架有相对应的准确位置。

c．在坡屋面上设置太阳能集热器，屋面雨水排水系统的设计需充分考虑太阳能集热器与屋面结合处的雨水排放，保证雨水排放通畅，并不得影响太阳能集热器的质量安全。

d．坡屋面的保温、防水、排水按常规设计，不得因装置太阳能集热器而有任何影响。

图 3-6　坡屋面上太阳能集热器顺坡架空设置工程实例

② 顺坡镶嵌设置（图 3-7 ～图 3-9）

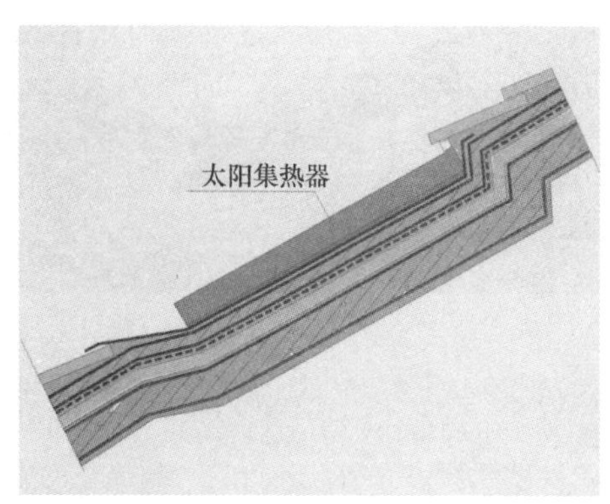

图 3-7　坡屋面上太阳能集热器顺坡镶嵌设置示意图

a．顺坡镶嵌在坡屋面上的太阳能集热器与其周围的屋面材料结合连接部位需做好建筑构造处理，关键部位可做加强防水处理（如做防水附加层）。使连接部位在维持立面效果的前提下其防水、排水功能得到充分的保障。

b．太阳能集热器顺坡镶嵌在坡屋面上，屋面整体的保温、防水、排水应满足屋面的防护功能要求。太阳能集热器（无论是平板集热器，还是真空管集热器）有一定的厚度，如果不采取相应措施，自然会影响到铺设太阳能集热器下方屋面的保温功能。因此，建筑设计需采取一定的技术措施保证屋面整体的保温防护功能要求。可采取局部降低屋面板的方法或增加太阳能集热器之外部分屋面保温层厚度的方法来满足整体屋面保温防护的功能要求。

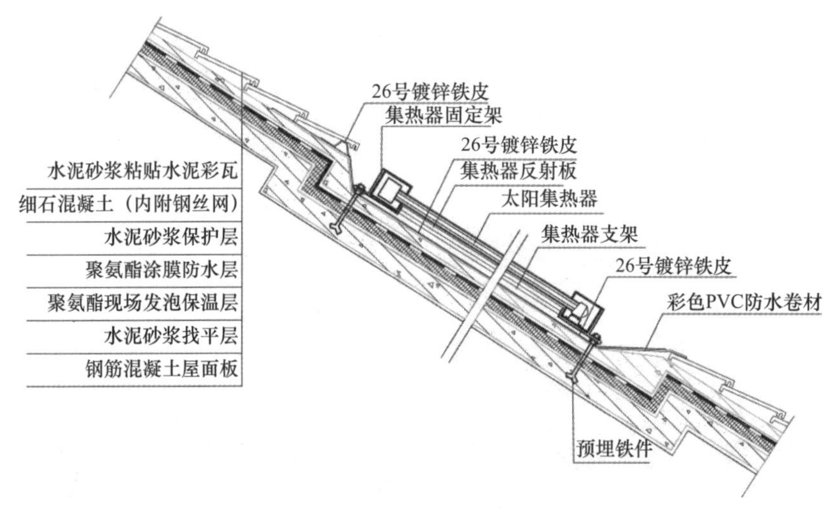

图 3-8　坡屋面上太阳能集热器顺坡镶嵌设置作法示意图

图 3-9　坡屋面上太阳能集热器顺坡架空设置工程实例

（5）太阳能集热器与贮水箱相连的管线需穿过坡屋面时，应预埋相应的防水套管，防水套管需做防水处理，并在屋面防水施工前安设完毕。

（6）建筑设计应为太阳能集热器在坡屋面上的安装、维护提供可靠的安全设施。如在坡屋面屋脊上适当位置埋设金属挂钩用来拴牢系在专业安装人员身上的安全带，或者钩牢用做安装人员操作的特制的坡屋顶上活动扶梯。在不影响建筑整体屋面效果的前提下，屋面适当部位设有上人孔，方便维护人员安全出入等技术设施，为专业人员安装维修、更换坡屋面上的太阳能集热器提供安全便利的条件。

（7）设置太阳能集热器的坡屋面要充分考虑太阳能集热器的荷载。

3）太阳能集热器设置在外墙面的建筑设计原则

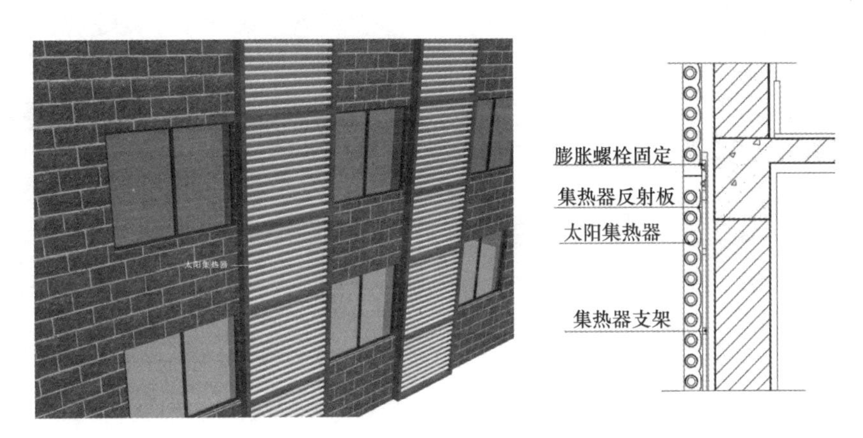

图 3-10　外墙面上太阳能集热器设置示意图

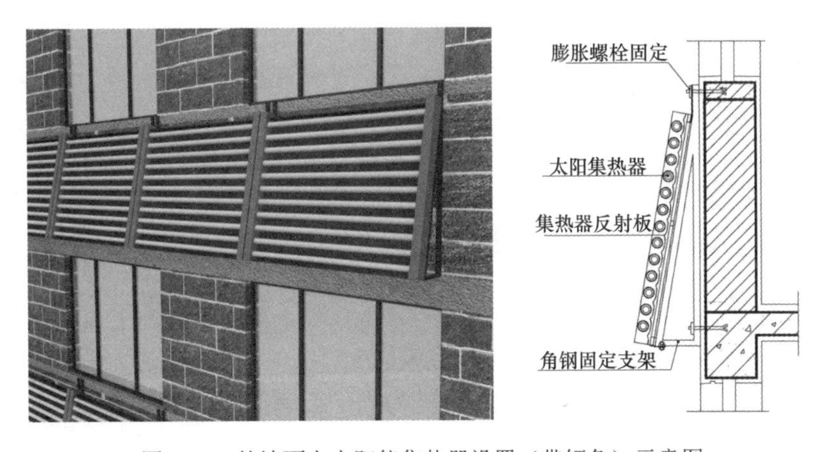

图 3-11　外墙面上太阳能集热器设置（带倾角）示意图

太阳能集热器设置在建筑外墙面上会使建筑有一个新颖的外观，能补充屋面上（特别是坡屋面）摆放太阳能集热器面积有限的缺陷。因此太阳能集热器设置在建筑外墙面上的设计方式也是一种不错的选择（图 3-10 ～图 3-12）。

图 3-12　外墙面上太阳能集热器设置工程实例

其设计原则如下：

（1）设置太阳能集热器的外墙应充分考虑集热器（包括支架）的荷载。

（2）设置在墙面上的太阳能集热器应将其支架与墙面上的预埋件牢固连接。轻质填充墙不应作为太阳能集热器的支承结构，需在与太阳能集热器连接部位的砌体结构上增设钢筋混凝土构造柱或钢结构梁柱，将其预埋件安设在增设的构造梁、柱上，确保牢固支承在该位置上的太阳能集热器。

（3）低纬度地区设置在墙面上的太阳能集热器应有一定的倾角，使太阳能集热器更有效地接受太阳照射。

（4）设置在墙面的太阳能集热器与室内贮水箱的连接管道需穿过墙体时，应预埋相应的防水套管，且防水套管不宜在结构梁柱处埋设。

（5）太阳能集热器设置在墙面上，特别是镶嵌在墙面时，在保证建筑功能需求的前提下，应尽量安排好太阳能集热器的位置（窗间或窗下），调整太阳能集热器与墙面的比例，并将太阳能集热器与墙面外装饰材料的色彩、风格有机结合，处理好太阳能集热器与周围墙面、窗子的分块关系。

（6）建筑设计应为墙面上太阳能集热器的安装、维护提供安全便利的条件。

4）太阳能集热器设置在阳台栏板上的建筑设计原则

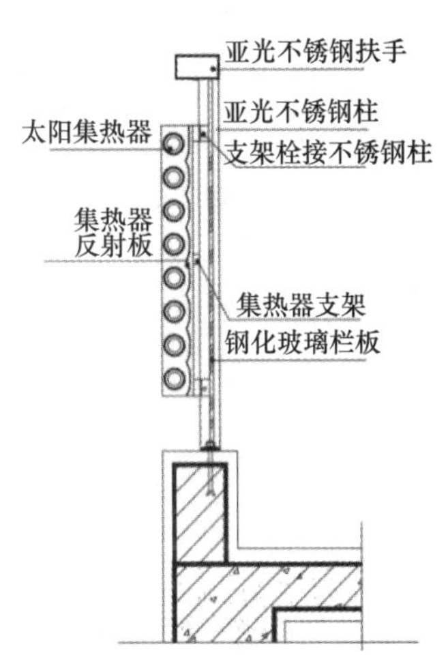

图 3-13 阳台栏板上太阳能集热器设置示意图

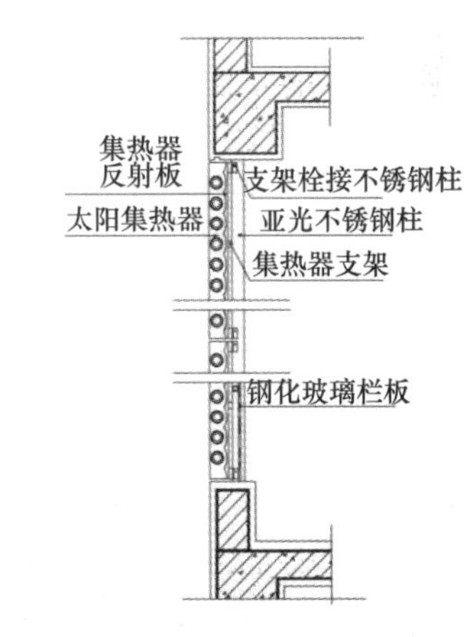

图 3-14 阳台上太阳能集热器设置示意图

太阳能集热器结合建筑阳台设置，不仅能满足太阳能集热器接受阳光的需求，还会使建筑更加活泼漂亮，使本来就是建筑外观点缀的阳台增加了科技的光彩，这种太阳能集热器设置在阳台栏板上的建筑设计手法会使建筑增色不少，是设计师考虑太阳能集热器设置的方式之一（图 3-13 ～图 3-17）。

图 3-15 阳台栏板上太阳能集热器设置（有倾角）示意

其设计原则如下：

（1）设置太阳能集热器的阳台应充分考虑集热器（包括支架）的荷载。

（2）设置在阳台栏板位置的太阳能集热器，其支架应与阳台栏板预埋件牢固连接。

（3）安置太阳能集热器的阳台栏板宜采用实体栏板。特殊设计情况下，构成局部阳台栏板的太阳能集热器应与阳台结构连接牢靠，建筑设计应为其采取技术措施，满足刚度、强度以及防护功能的要求。

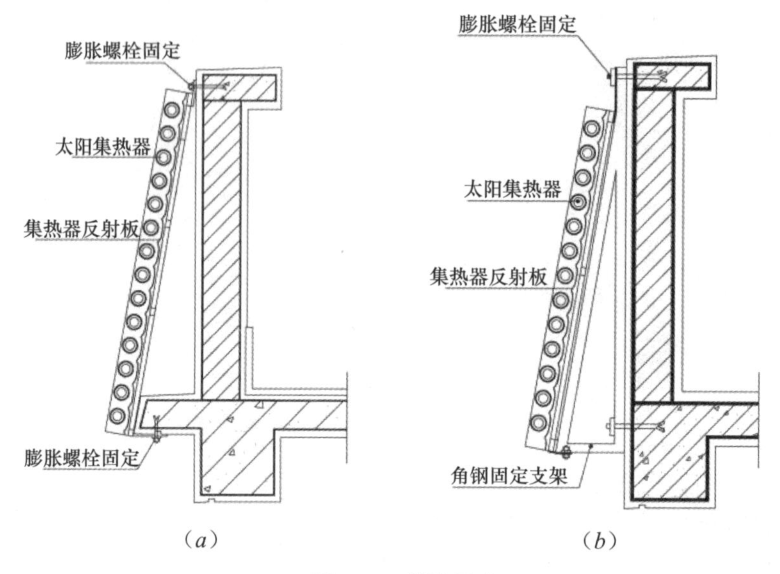

图 3-16　做法示意

（a）做法一；（b）做法二

（4）低纬度地区设置在阳台栏板上的太阳能集热器应有适当的倾角，使太阳能集热器接受充足有效的阳光照射。

（5）建筑设计应为阳台栏板上太阳能集热器的安装、维护提供便利条件。

图 3-17　阳台上太阳能集热器设置工程实例

5）太阳能集热器设置在女儿墙、披檐上的建筑设计原则

太阳能集热器根据需要设置在建筑平屋面部分的女儿墙上，可为建筑整体造型风格增添色彩，相比直接放置在平屋面上的方式巧妙，当然还必须在建筑允许的情况下，并考虑安装太阳能集热器面积的多少来综合确定太阳能集热器的设置位置和方式。通常在平屋面的女儿墙、披檐上设置太阳能集热器，这也是建筑设计考虑太阳能集热器放置的一种方式（图3-18～图3-21）。

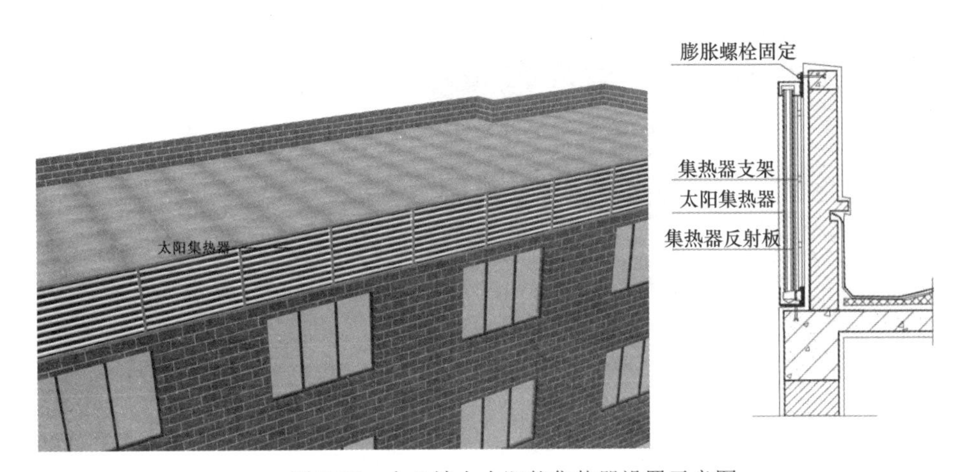

图3-18　女儿墙上太阳能集热器设置示意图

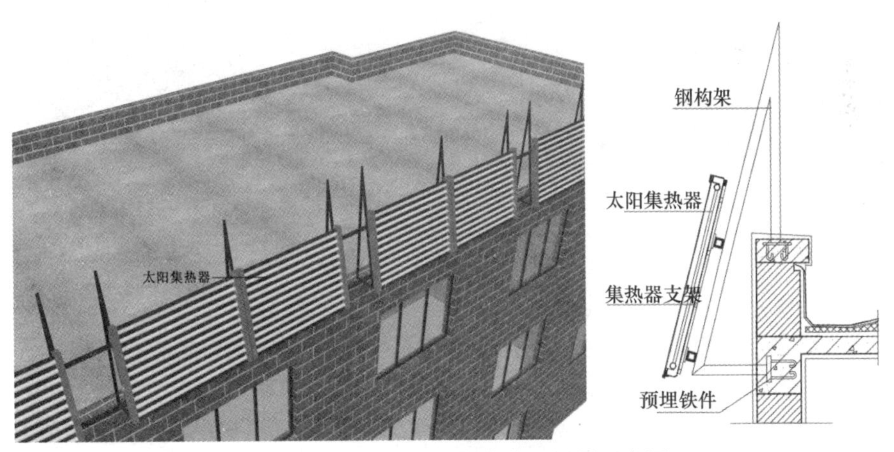

图3-19　披檐上太阳能集热器设置示意图

其设计原则如下：

（1）装置太阳能集热器的女儿墙、披檐部位应充分考虑太阳能集热器的荷载。

（2）设置在女儿墙、披檐上的太阳能集热器，其支架应与女儿墙、披檐上的预埋件牢固连接。该预埋件需预埋在女儿墙披檐内钢筋混凝土构造梁、柱、板中，以便牢

固支承太阳能集热器。固定太阳能集热器的支架可由太阳能集热器厂家提供，建筑设计也可以根据建筑造型在建筑上设计固定的支架，使太阳能集热器与之牢固连接即可。

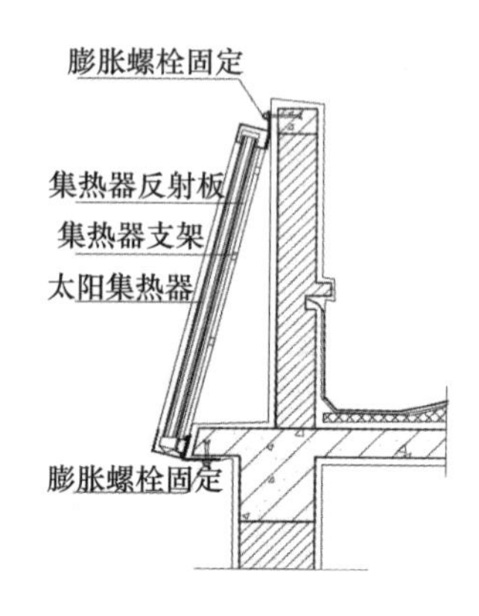

图 3-20　女儿墙上太阳能集热器做法示意图

图 3-21　女儿墙、披檐上太阳能集热器设置工程实例

（3）低纬度地区设置在女儿墙上的太阳能集热器应有一定的倾角。

（4）装置在建筑墙面、阳台、女儿墙、披檐上的太阳能集热器，为防止其金属支架、金属锚固构件生锈对建筑墙面，特别是对浅色的阳台和外墙造成污染，建筑设计应在该部位加强防锈的技术处理或采取有效的技术措施，防止金属锈水在墙面、阳台上造成不易清理的污染。

（5）装置在建筑墙面、阳台、女儿墙、披檐上的太阳能集热器，为防止其损坏伤人，建筑设计应采取防护措施。如精心设计护栏、挑檐或在装置太阳能集热器下方地面上种植草坪、绿化，使人员不易靠近，避免太阳能集热器损坏砸伤过路人。

（6）太阳能集热器可安置在庭院中建筑廊架上，遮阳的凉亭板上，也可以安置在建筑物屋顶的飘板上等建筑上允许的、能充分接受阳光照射的部位，设计者宜创造性地考虑其安放位置，并在设置时满足太阳热利用系统包括太阳能集热器设置的技术要求（图 3-22）。

图 3-22　构架、遮阳亭上太阳能集热器设置工程实例

展望太阳能集热器与建筑一体化设计愿景

太阳能热利用系统与建筑一体化设计，很重要的一点是将太阳能热利用系统中暴露在建筑外立面上直接接受阳光照射的太阳能集热器放置好。设计不仅要满足系统的功能需求，还为建筑外观增加了科技内容，添加了不可替代的风采。这是不争的事实，也是太阳能热利用系统与建筑一体化设计反复强调的关键问题。

我国近年来，通过企业、厂商及建筑设计人员的不断努力、创新，已取得了可喜的成绩。但从宏观效果观察，作为太阳能集热器保有量较大的我们来讲，我国与国外发达国家，应用太阳能热利用系统先进的国家相比（如荷兰、德国等）确实还存在不小的差距，其中最直观的就是建筑的外观形象。有诸多太阳能热利用系统建筑一体化成功设计的工程实例，将太阳能集热装置与建筑有机结合，在坡顶的瓦屋面上、建筑的披檐上、建筑的墙面上，都做到了与建筑的外围护材料、建筑外部构件结合的天衣无缝，让人眼前一亮。

先进国家是将太阳能集热装置（太阳能集热器）建筑模数化。例如与屋面瓦相结合的太阳能集热器的铺设就如同铺设屋面瓦一样，尺寸与材料瓦模数相匹配。再如阳台，可根据阳台的高宽设置相匹配的太阳能集热器等。因此，为达到太阳能热利用系统与建筑外观完美结合，迫切需要太阳能集热产品能够建立符合建筑常用尺寸的模数体系，实现产品标准化、规范化、多元化，使之更具有灵活性。建筑设计人员并不一定希望随心所欲，但求能灵活多变化地选用这个包含科技内容的建筑语汇，作为太阳能热利用建筑一体化设计中不可或缺的组成元素，创建建筑崭新的形式。使太阳能集热装置为建筑添彩，而不是添乱。在太阳能集热产品的开发研制中，由于建筑设计具有龙头作用，因此，建筑师应担负起责任，与太阳能行业技术人员一起，学习国外先进经验，努力研发、勇于创新、追求卓越，共同为太阳能热利用建筑一体化设计作出贡献（图 3-23）。

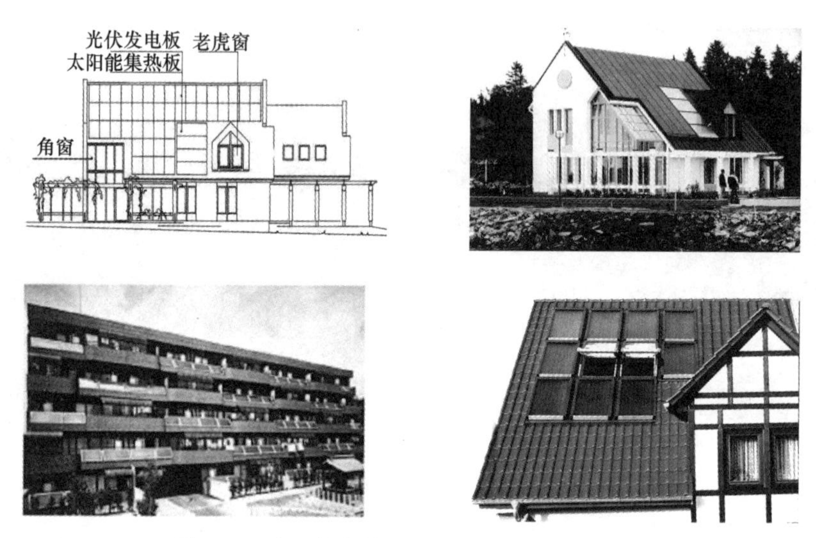

图 3-23　太阳能集热器与建筑一体化工程实例

3.3　太阳能集热系统设计

3.3.1　优化设计要点

为使太阳能热水系统达到预期效益，满足安全可靠、性能稳定、节能高效、经济适用的技术要求，应首先做到系统的优化设计，符合如下设计原则：

（1）热水供应特点：太阳能热水系统是由太阳能和常规辅助能源共同负担用户所需的全部热水负荷。

（2）太阳能部分的热水负荷：太阳能集热系统承担用户所需的日平均用热水量，应按《建筑给水排水设计规范》给出的平均日用水定额推荐范围，根据用户特点合理取值，用于计算日平均用热水量。

（3）常规辅助能源部分的热水负荷：常规辅助能源设备承担系统的设计小时耗热量，按《建筑给水排水设计规范》GB 50015—2003 中给出的最高日用水定额推荐范围，根据用户特点合理取值，用于计算设计小时耗热量。

（4）集热器产品选型：按照系统特点，选择符合承压能力需求、安全性能优良、高效的太阳能集热器，必须以第三方权威质检机构给出的产品性能检测报告为依据。

（5）太阳能集热器面积计算确定：应按不同太阳能资源区对应的太阳能保证率推

荐范围、预期投资规模等，选取适宜的太阳能保证率，根据日平均用热水量、集热器产品的效率方程 / 曲线，计算太阳能集热器面积。

（6）贮热水箱容量计算确定：按单位集热器总面积对应的日产热水量推荐值，根据集热器面积计算确定贮热水箱容量。

（7）常规辅助能源设备选型：根据系统的设计小时耗热量，计算确定辅助能源设备的容量。

（8）安全措施设计：太阳能集热系统应采用可靠的防冻、防过热、防雷、防电击、抗风等安全技术措施。

（9）自动控制设计：应充分体现优先使用太阳能的原则，准确完成对太阳能集热系统和常规辅助能源设备的功能切换。

（10）保温设计：强化太阳能集热系统和供热水系统管网的保温措施，降低管网热损失。

3.3.2 太阳能集热系统设计

太阳能集热系统主要包含太阳能集热器、贮水箱、管路及相应的阀门和控制系统，强制循环系统还包括循环水泵，间接式系统还包括换热器。

1）太阳能集热器的定位

在确定太阳能集热器的定位时，需考虑集热器倾角和方位对太阳辐射能量收集的影响。系统全年使用的太阳能集热器倾角应与当地纬度一致。如系统侧重在夏季使用，其倾角宜为当地纬度减 10°；如系统侧重在冬季使用，其倾角宜为当地纬度加 10°。

（1）太阳能集热器设置在平屋面上，应符合下列要求：

① 对朝向为正南、南偏东或南偏西不大于 30° 的建筑，集热器可朝南设置，或与建筑同向设置；

② 对朝向南偏东或南偏西大于 30° 的建筑，集热器宜朝南设置或南偏东、南偏西小于 30° 设置；

③ 对受条件限制，集热器不能朝南设置的建筑，集热器可朝南偏东、南偏西或朝东、朝西设置；

④ 水平安装的集热器可不受朝向的限制，但当真空管集热器水平安装时，真空管应东西向放置；

⑤ 在平屋面上宜设置集热器检修通道；

⑥ 集热器与前方遮光物或集热器前后排之间的最小距离可按式（3-1）计算：

$$D = H \times \cot\alpha_s \times \cos\gamma \tag{3-1}$$

式中：D——集热器与前方遮光物或集热器前后排之间的最小距离，m；

H——集热器最高点与集热器最低点的垂直距离，m；

α_s——太阳高度角，°，对季节性使用的系统，宜取当地春秋分正午 12 时的太阳高度角;对全年性使用的系统，宜取当地冬至日正午 12 时的太阳高度角;

γ——集热器安装方位角，°。

（2）太阳能集热器设置在坡屋面上，应符合下列要求：

① 集热器可设置在南向、南偏东、南偏西或朝东、朝西建筑坡屋面上；

② 坡屋面上集热器应采用顺坡嵌入设置或顺坡架空设置；

③ 作为屋面板的集热器应安装在建筑承重结构上；

④ 作为屋面板的集热器所构成的建筑坡屋面在刚度、强度、热工、锚固、防护功能上应按建筑围护结构设计。

（3）太阳能集热器设置在阳台上，应符合下列要求：

① 对朝南、南偏东、南偏西或朝东、朝西的阳台，集热器可设置在阳台栏板上或构成阳台栏板；

② 北纬 30° 以南地区设置在阳台栏板上的集热器及构成阳台栏板的集热器应有适当的倾角；

③ 构成阳台栏板的集热器，在刚度、强度、高度、锚固和防护功能上应满足建筑设计要求。

（4）太阳能集热器设置在墙面上，应符合下列要求：

① 在高纬度地区，集热器可设置在建筑的朝南、南偏东、南偏西或朝东、朝西的墙面上，或直接构成建筑墙面；

② 在低纬度地区，集热器可设置在建筑南偏东、南偏西或朝东、朝西墙面上，或直接构成建筑墙面；

③ 构成建筑墙面的集热器，其刚度、强度、热工、锚固、防护功能应满足建筑围护结构设计要求。

2）太阳能集热器的连接

工程中使用的太阳能集热器数量较多，一般是将若干集热器先连接成一个集热器组，集热器组之间再通过一定方式连接成一个集热器阵列。如何连接太阳能集热器对太阳能集热系统的防冻排空、水力平衡、减少阻力以及充分发挥各个集热器的作用都起着重要作用。

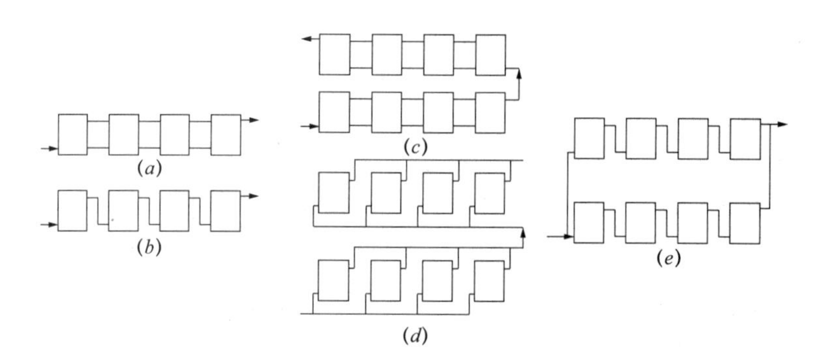

图 3-24　集热器连接方式

（a）并联；（b）串联；（c）（d）并一串联；（e）串一并联

一般来说，集热器连接成集热器组的方式有三种（图 3-25）：串联、并联和串并联，串并联也称之为混联。平板型集热器或横排真空管集热器之间的连接宜采用并联，但单排并联的集热器总面积不宜超过 $32m^2$；竖排真空管集热器之间的连接宜采用串联，但单排串联的集热器总面积不宜超过 $32m^2$；对于自然循环系统，每个系统的集热器总面积不宜超过 $50m^2$；对大型自然循环系统，可分成若干个子系统，每个子系统的集热器总面积不宜超过 $50m^2$；对于强制循环系统，每个系统的集热器总面积不宜超过 $500m^2$；对大型强制循环系统，可分成若干个子系统，每个子系统的集热器总面积不宜超过 $500m^2$；具体的数据应根据集热器测试报告中的热性能曲线和不同流量下集热器的阻力进行计算，原则是集热器阵列中工质不气化和循环阻力适当。

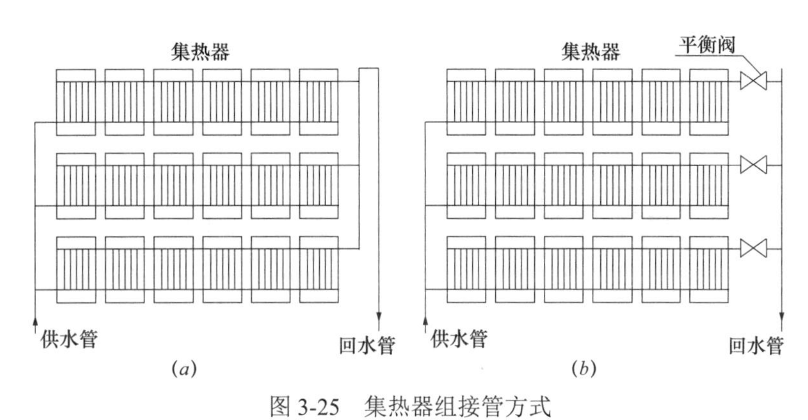

图 3-25　集热器组接管方式

（*a*）同程连接；（*b*）异程连接

通过以上方式连接起来的集热器称之为集热器组。多个集热器组连接起来形成太阳能集热系统。集热器的连接应保证单位面积的集热器上流过的流量相同。为保证各集热器组的水力平衡，各集热器组之间的连接推荐采用同程连接，如图 3-25（*a*）所示。当不得不采用异程连接时，在每个集热器组的支路上应该增加平衡阀来调节流量平衡，如图 3-25（*b*）所示。

3）太阳能集热器选型计算

根据我国目前的标准体系，对贮热水箱容积小于 600L 的家用太阳能热水系统和贮热水箱容积大于等于 600L 的太阳能热水系统，提出的技术要求和热性能指标是不同的，故系统选型也有所不同。目前应用较多的阳台壁挂式太阳能热水系统属于家用太阳能热水系统范畴。

家用太阳能热水系统是工厂生产的定型产品，可以根据产品样本给出的性能参数直接进行系统选型，但系统的建筑一体化设计是需重点考虑的因素。

贮热水箱容积大于等于 600L 的太阳能热水系统则需要设计人员进行各部件产品的选型后，再进行系统设计。太阳能集热器是系统中最为重要的产品部件，所以系统设计的一个重要环节即是对太阳能集热器的选型以及确定由该集热器构成集热系统后的集热器总面积。

（1）贮热水箱容积大于等于 600L 直接系统太阳能集热器总面积的确定

直接系统的集热器总面积可根据系统的日平均用热水量和用水温度，按式（3-2）进行计算：

$$A_C=\frac{Q_w \cdot c \cdot \rho_r \cdot (t_{end}-t_1)f}{J_T \cdot \eta_{cd}(1-\eta_L)} \tag{3-2}$$

式中：A_C——直接系统集热器总面积，m^2；

Q_w——日平均用热水量，平均日用水定额按《建筑给水排水设计规范》GB 50015—2003 取值，L；

c——水的定压比热容，kJ/（kg · ℃）；

ρ_r——热水密度，kg/L；

t_{end}——贮水箱内水的终止设计温度，℃；

t_1——水的初始温度，℃；

J_T——当地集热器采光面上的年平均日太阳辐照量，kJ/m^2，可参照表 1-2 选取；

f——太阳能保证率，无量纲，根据系统使用期内的太阳辐照、系统经济性及用户要求等因素综合考虑后确定，可参照表 3-1 选取；

η_L——管路及贮水箱热损失率，无量纲，根据经验值取 0.20 ～ 0.30，也可按式 3-6 进行计算；

η_{cd}——基于总面积的集热器年平均集热效率，无量纲，具体取值根据集热器产品的实际测试结果而定。

（2）贮热水箱容积大于等于 600L 间接系统太阳能集热器总面积的确定

间接系统与直接系统相比，由于换热器内外存在传热温差，使得在获得相同温度热水的情况下，间接系统比直接系统的集热器运行温度高，造成集热器效率降低，因此间接系统的集热器面积需要补偿。

间接系统的集热器总面积 A_{IN} 可按式（3-3）计算：

$$A_{IN}=A_C \cdot \left(1+\frac{F_R U_L \cdot A_C}{U_{hx} \cdot A_{hx}}\right) \tag{3-3}$$

式中：A_{IN}——间接系统集热器总面积，m^2；

A_C——直接系统集热器总面积，m^2；

$F_R U_L$——集热器总热损系数，W/（m^2 · ℃），具体数值应根据集热器产品的实际测试结果而定；

U_{hx}——换热器传热系数，W/（m^2 · ℃）；

A_{hx}——换热器的换热面积，m^2。

（3）上述公式中主要参数的确定

① 参数 Q_w、t_{end} 和 t_L 的确定

热水的日平均用水量 Q_w，冷水的初始设计温度 t_L，贮水箱内水的终止设计温度 t_{end} 则根据国家标准《建筑给水排水设计规范》GB 50015—2003 的规定选取。

② 太阳能保证率 f 的确定

太阳能保证率 f 可按表 3-1 给出的推荐范围，根据预期投资规模和最佳投资收益比确定。

不同地区太阳能保证率的选值范围　　表 3-1

资源区划	年太阳辐照量 [MJ/（m^2·a）]	太阳能保证率	资源区划	年太阳辐照量 [MJ/（m^2·a）]	太阳能保证率
Ⅰ资源丰富区	≥ 6700	≥ 60%	Ⅲ资源一般区	4200 ～ 5400	40% ～ 50%
Ⅱ资源较富区	5400 ～ 6700	50% ～ 60%	Ⅳ资源贫乏区	＜ 4200	≤ 40%

③ 集热器年平均集热效率 η_{cd} 的确定

集热器年平均集热效率 η_{cd} 利用实测得出的效率方程 / 曲线计算确定，图 3-26 为集热器瞬时效率一次方程曲线示意。纵坐标为集热器瞬时效率，横坐标为归一化温差 T_i^*。

a．瞬时效率一次方程表示为：

$$\eta = \eta_0 - UT_i^*$$

式中：η——以 T_i^* 为参考的集热器热效率，%；

η_0——T_i^*=0 时的集热器热效率，测试得出，%；

U——以 T_i^* 为参考的集热器总热损系数，测试得出，W/（m^2·K）；

T_i^*——归一化温差，按设计参数和当地气象参数计算，（m^2·K）/W。

b. 瞬时效率二次方程表示为：

$$\eta = \eta_0 - a_1 T_i - a_2 G\left(T_i^*\right)^2$$

式中：a_1、a_2——以 T_i^* 为参考的常数，测试得出；

G——太阳总辐射辐照度，W/m^2；

T_i^*——归一化温差，按设计参数和当地气象参数计算，（m^2·K）/W。

c. 方程中的归一化温差

$$T_i^* = (t_i - t_a) / G$$

式中：t_i——集热器工质进口温度，℃；

t_a——环境温度，℃。

计算太阳能集热器集热效率时，归一化温差的计算参数选择如下：

$$t_i = t_L/3 + 2t_{end}/3$$

t_a 取当地的年平均室外环境空气温度

年平均总太阳辐照度

$$G = J_T / (3.6S_y)$$

式中：J_T——当地集热器采光面上的年平均日太阳辐照量，kJ/（m^2 • d）；

S_y——当地的年平均每天的日照小时数，h。

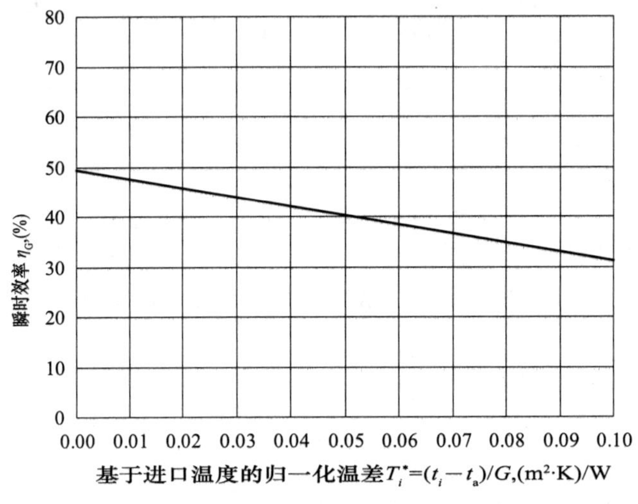

图 3-26 集热器瞬时效率曲线示意图

④ 管路及贮水箱热损失率 η_L 的确定

管路与贮水箱的热损失与管路和贮水箱中的热水温度、保温状况以及环境和周边空气温度等因素有关。管路单位表面积的热损失可以参照式（3-4）计算：

$$q_l=\frac{\pi(t-t_a)}{\frac{1}{2\pi}\ln\frac{D_0}{D_i}+\frac{1}{aD_0}} \tag{3-4}$$

式中：D_i——单位保温层内径，m；

D_0——管道保温层外径，m；

t_a——保温结构周围环境的空气温度，℃；

t——设备及管道外壁温度，℃，对于金属外壁设备及管道，通常可取介质温度；

a——表面散热系数，W/（m^2 • ℃）。

贮水箱的单位表面积的热损失可以参照式（3-5）计算：

$$q=\frac{t-t_a}{\frac{\delta}{\lambda}+\frac{1}{a}} \tag{3-5}$$

式中：λ——保温材料热导率，W/（m^2 • ℃）；

δ——保温层厚度，m。

对于圆形水箱保温

$$\delta=\frac{D_0-D_i}{2} \tag{3-6}$$

根据以上公式计算得到的热损失总量与太阳能热水系统的得热量（$J_T\eta_{cd}$）的比值即为管路及贮水箱的热损失率 η_L。当受条件限制无法进行精确计算时，可以取经验值为 0.20 ～ 0.30。周边环境温度较低，热水温度较高，保温较差时取上限，反之取下限。

（4）贮热水箱容积小于 600L 时的系统选型

贮热水箱容积小于 600L 的太阳能热水系统，可直接选用企业的定型产品（户用系统），具体的选型步骤如下：

选择水箱容积与设计的日平均用热水量最为接近的产品，根据第三方权威质检机构测试得出的日有用得热量，判定该产品是否符合设计要求。

4）强制循环集热系统循环泵选型

（1）太阳能集热系统流量的确定

太阳能集热系统的流量即为循环泵流量，与太阳能集热器的特性有关，单位面积集热器对应的工质流量 q_{gz} 一般应由太阳能集热器生产企业给出。

$$q_x=q_{gz}\cdot A_j \tag{3-7}$$

式中：q_x——集热系统循环流量，m^3/h；

q_{gz}——单位面积集热器对应的工质流量，$m^3/(h\cdot m^2)$，按集热器产品实测数据确定，无条件时，可取 0.054 ～ $0.072m^3/(h\cdot m^2)$；

A_j——太阳能集热器总面积，m^2。

（2）开式系统循环泵扬程计算：

$$H_x=h_{jx}+h_j+h_z+h_f \tag{3-8}$$

式中：H_x——循环泵扬程，kPa；

h_{jx}——集热系统循环管路的沿程与局部阻力损失，kPa；

h_j——循环流量流经集热器的阻力损失，kPa；

h_z——集热器顶部与贮热水箱最低水位之间的几何高差，kPa；

h_f——附加压力，kPa，取 20 ～ 50kPa。

（3）闭式系统循环泵扬程计算：

$$H_x=h_{jx}+h_j+h_e+h_f \tag{3-9}$$

式中：h_e——循环流经换热器的阻力损失，kPa。

5）贮水箱设计

太阳能热水系统的贮水箱必须保温。太阳能热水系统贮水箱的容积既与太阳集热器面积有关，也与热水系统所服务的建筑物的要求有关，贮水箱的设计对太阳能集热系统的效率和整个热水系统的性能都有重要影响。与前文类似，以下我们将太阳能集热系统的贮水箱简称为贮热水箱，热水供应系统的贮水箱简称为供热水箱。

（1）贮热水箱容积计算

贮热水箱的有效容积按式（3-10）计算：

$$V_{rx}=q_{rjd}\cdot A_j \qquad (3\text{-}10)$$

式中：V_{rx}——贮热水箱的有效容积，L；

A_j——集热器总面积，m^2，$A_j=A_C$ 或 $A_j=A_{IN}$；

q_{rjd}——单位面积集热器平均日产温升 30℃热水量的容积，L/（$m^2\cdot d$），根据集热器产品的性能确定，也可按表 3-2 选用：

单位集热器总面积日产热水量推荐取值范围（L/$m^2\cdot d$） **表 3-2**

太阳能资源区划	直接系统	间接系统
Ⅰ 资源极富区	70 ～ 80	50 ～ 55
Ⅱ 资源丰富区	60 ～ 70	40 ～ 50
Ⅲ 资源较富区	50 ～ 60	35 ～ 40
Ⅳ 资源一般区	40 ～ 50	30 ～ 35

注：① 当室外环境最低温度高于 5℃时，可以根据实际工程情况采用日产热水量的高限值。

② 本表是按照系统全年每天提供温升 30℃热水，集热系统年平均效率为 35%，系统总热损失率为 20% 的工况下估算的。

集中集热—分散供热太阳能热水系统所设的缓冲贮热水箱，其有效容积一般不宜小于 10% V_{rx}。

（2）贮热水箱管路布置

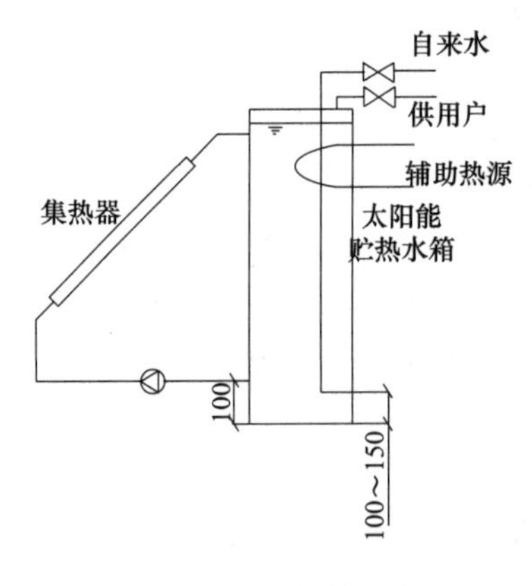

图 3-27　水箱接管示意图

贮热水箱同时连接太阳能集热系统和热水供应系统。为更好利用水箱内水的分层效应，热水供应出水管应安排在水箱顶部，自来水补水管在水箱下部，补水口距水箱底部 10 ～ 15cm。集热系统的水箱出水口距水箱底部 10cm 左右以防将水箱底部的沉淀物吸入集热器，集热系统的回水接到水箱上部辅助热源之下。图 3-27 为水箱接管示意图。

（3）供热水箱容积计算

根据相关给水排水设计规范，集中热水供应系统的水箱容积应根据日用热水小时变化曲线及太阳能集热系统的供热能力和运行规律，以及常规能源辅助加热装置的工作制度、加热特性和自动温度控制装置等因素按积分曲线计算确定。间接式系统太阳能集热器产生的热水用作容积式水加热器或加热水箱的一次热媒时，水箱的贮热量不得小于表 3-3 贮水箱的贮热量中所列的指标。

贮水箱的贮热量 **表 3-3**

加热设备	太阳能集热系统出水温度≤ 95℃	
	工业企业淋浴室	其他建筑物
容积式水加热器或加热水箱	≥ 60minQ_h	≥ 90minQ_h

注：Q_h 为设计小时耗热量 /W。

当供热水箱的容积小于太阳能集热系统所选贮热水箱容积的 40% 时，太阳能热水系统可采用单水箱的方式。

6）间接式系统水加热器选型

间接式系统的水加热器实际上就是我们通常采用的热交换器，只不过热源为太阳能热水而已。间接式热水系统采用的热交换器主要有三种（图 3-28），通常中小型太阳能热水系统采用容积式或半容积式水加热器；大型系统采用独立于水箱的板式换热器或半即热式水加热器、快速式水加热器等；水套形式的水箱通常在阳台壁挂系统中应用。

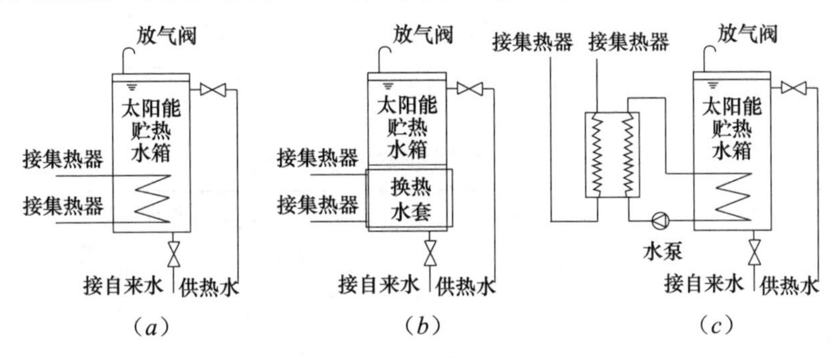

图 3-28 间接式热水系统热交换器示意

（*a*）容积式；（*b*）水套式；（*c*）板式换热器

太阳能热水系统的水加热器的换热面积可按式（3-11）计算：

$$A_{hx}=\frac{C_r Q_z}{\varepsilon U_{hx}\Delta t_j} \tag{3-11}$$

式中：A_{hx}——水加热器换热面积，m^2；

Q_z——太阳能集热系统提供的热量，W；

U_{hx}——传热系数，W/（m^2·K），在没有具体技术参数的情况下，容积式水加热器可参照表 3-4 和表 3-5 计算，半容积式水加热器可参照表 3-6 计算，

半即热式水加热器、快速式水加热器由设备样本提供或经计算确定，加热水箱内盘管的传热系数可参照表 3-7 确定;

ε——结垢影响系数，$\varepsilon = 0.6 \sim 0.8$；

Δt_j——一般可根据集热器的性能确定，可取 5 ～ 10℃，集热器性能好，温差取高值，否则取低值;

C_r——热水系统的热损失系数，C_r=1.1 ～ 1.2。

导流型容积式水加热器主要热力性能参数 **表 3-4**

参数 / 热媒	传热系数 K / [W/(m^2·K)]		热媒出水温度 t_{mz}/℃	热媒阻力损失 Δh_1/MPa	被加热水水头损失 Δh_2/MPa	被加热水温升 Δt/℃
	钢盘管	铜盘管				
70 ～ 150℃的高温水	616 ～ 945	680 ～ 1047 1150 ～ 1450 1800 ～ 2200	50 ～ 90	0.01 ～ 0.03 0.05 ～ 0.1 ≤ 0.1	≤ 0.005 ≤ 0.01 ≤ 0.01	≥ 35

注：①表中铜盘管的 K 值及 Δh_1、Δh_2 中的两行数字由上而下分别表示 U 形管、浮动盘管和铜波节管三种导流型容积式水加热器的相应值。

②热媒为高温水时，K 值与 Δh_1 对应。

容积式水加热器主要热力性能参数 **表 3-5**

参数 / 热媒	传热系数 K / [W/(m^2·K)]		热媒出口温度 t_{mz}/℃	热媒阻力损失 Δh_1/MPa	被加热水水头损失 Δh^2/MPa	被加热水温升 Δt/℃	容器内冷水区容积 V_L/%
	钢盘管	铜盘管					
70 ～ 150℃的高温水	326 ～ 349	384 ～ 407	60 ～ 120	≤ 0.03	≤ 0.005	≥ 23	25

注：容积水加热器即传统的二行程光面 U 形管式容积式水加热器。

半容积式水加热器主要热力性能参数 **表 3-6**

参数 / 热媒	传热系数 K / [W/（m^2·K）]		热媒出水温度 t_{mz}/℃	热媒阻力损失 Δh_1/MPa	被加热水水头损失 Δh_2/MPa	被加热水温升 Δt/℃
	钢盘管	铜盘管				
70 ～ 150℃的热媒水	733 ～ 942	814 ～ 1047 1500 ～ 2000	50 ～ 85	0.02 ～ 0.04 0.01 ～ 0.1	≤ 0.005 ≤ 0.01	≥ 35

注：①表中铜盘管的 K 值及 Δh_1、Δh_2 中的两行数字，上行表示 U 形管、下行表示铜制 U 形波节管的相应值。

② K 值与 Δh_1 对应。

加热水箱内加热盘管的传热系数 **表 3-7**

热媒性质	热媒流速 /（m/s）	被加热水流速 /（m/s）	K / [W/（m^2·K）]	
			钢盘管	铜盘管
高温热水	＜ 0.5	＜ 0.1	326 ～ 349	384 ～ 407

通常情况下，间接系统水加热器的换热面积越大，越有利于充分利用太阳能，但是面积加大，初投资会增加，所以，间接系统的水加热器换热面积最好通过技术经济比较确定。

太阳能集热系统提供的热量 Q_z 按式（3-12）计算：

$$Q_z=\frac{k\cdot f\cdot Q_w\cdot c\cdot \rho_r\cdot (t_{end}-t_1)}{3600S_y} \tag{3-12}$$

式中：Q_w——日平均用热水量，kg；

c——水的定压比热容，kJ /（kg·℃）；

ρ_r——水的密度，kg/L；

t_{end}——贮热水箱内水的终止温度，℃；

t_1——水的初始温度，℃；

f——太阳能保证率，无量纲；

S_y——年或月平均单日日照时间，h；

k——太阳辐照度时变系数，无具体资料时可取 1.5 ～ 1.8，取高限对太阳能利用有利，取低限时对降低投资有利。

Q_z——太阳能集热系统提供的热量，W。

第4章

高层住宅建筑太阳能热水系统解决方案

在土地资源相对短缺的情况下，住宅项目高层建筑已经成为主要建筑类型，如何在高层建筑中很好地应用太阳能，可能在住宅建筑应用方面有不小的难题。

建筑产权分离造成屋顶集热器安装困难，集热器安装受到屋顶面积制约、低层用户管线较长、阳台安装热水器易受阳光遮挡等因素可能也困扰着高层住宅的安装使用。

城市建筑中的太阳能应用面临着挑战，适合于不同建筑结构、不同场所，设计合理、使用方便的太阳能热水系统，也成为太阳能热利用的关键，亟待提升。

设计研发并实践“太阳能与建筑一体化”，与建筑设计和建筑工程单位一起联合创造性地开发出各种安装形式，将太阳能设备真正融入建筑中，成为建筑的一部分，是我们发展的共同目标。

1）太阳能热水系统分类

太阳能在住宅建筑热水系统应用方面主要分为以下几种类型：

（1）集中集热—集中储热太阳能热水系统

采用集中的太阳能集热器和集中的贮水箱供给一幢或几幢建筑物所需热水的系统，简称为集中式系统。其辅助加热系统包括集中辅助加热系统和分散辅助加热系统。

（2）集中集热—分散储热太阳能热水系统

采用集中的太阳能集热器和分户的贮水箱供给一幢或几幢建筑物所需热水的系统，简称为集中—分散系统。

（3）分散式太阳能热水系统

采用分户的太阳能集热器和分户的贮水箱供给各个用户所需热水的小型系统。比如紧凑式家用太阳能热水器、阳台壁挂式太阳能热水器等。

2）设计安装应用太阳能系统的一般原则

（1）美观，与建筑和谐统一；

（2）安全，系统安全可靠；

（3）寿命长，系统的长寿命保障节能效益；

（4）低成本，合理的性价比以及初始投资；

（5）便于管理、维护；

（6）使用方便、舒适。

3）适用建筑类型推荐（表 4-1）

适用建筑类型太阳能系统 **表 4-1**

建筑类型		别墅 / 洋房	多层	中高层（7～12 层）	高层（12 层以上）
集中式系统（集中辅热）	商品房	—	○	○	○
	保障房		—	—	—

续表

建筑类型		别墅 / 洋房	多层	中高层 （7～12 层）	高层 （12 层以上）
集中式系统 （分散辅热）	商品房	●	●	●	●
	保障房		○	●	●
集中—分散系统	商品房	○	○	●	○
	保障房		○	○	○
分散式系统	商品房	●	●	○	○
	保障房		●	●	○

注：表中“●”为推荐选用；“○”为有条件选用；“—”为不宜选用。

4.1　紧凑式家用太阳能热水系统

4.1.1　系统概述

在屋顶统一布置单台太阳能热水器（每户一台），采用自然循环集热。每台热水器的冷水补水管和供热水管沿建筑内部管井分别与各个用户相连，末端设置混水阀，可选择配置电加热和全自动仪表（图 4-1）。

4.1.2　系统特点

（1）单机单户独立使用，管理方便；

（2）产品技术成熟，运行稳定，故障率极低；

（3）集中采购安装，系统初投资低，经济实惠。

4.1.3　应用范围

农村住宅、多层住宅及高层住宅（上七层）分户供水。

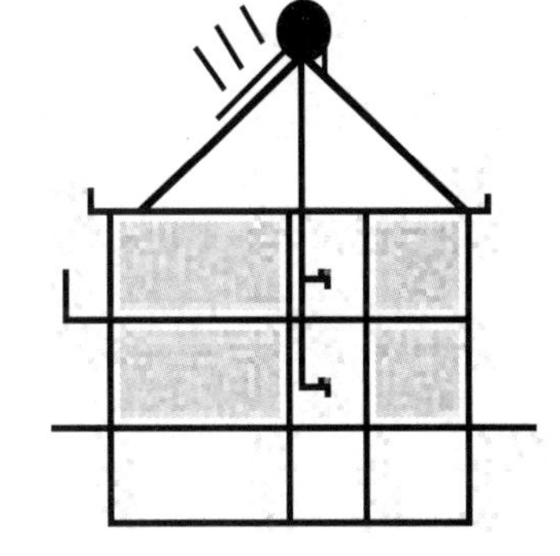

图 4-1　户式太阳能热水系统示意图

4.1.4　非承压式全玻璃真空管太阳能热水系统

1）结构组成

全玻璃真空管式太阳能热水器俗称太阳能热水器，是广大农村、城市家庭应用最广泛的一种太阳能热水器。

全玻璃真空管太阳能热水器主要有贮热水箱、真空管、支架、辅配件组成，如图 4-2 所示。该类产品水箱的容水量主要取决于真空集热管直径大小、长度及根数。

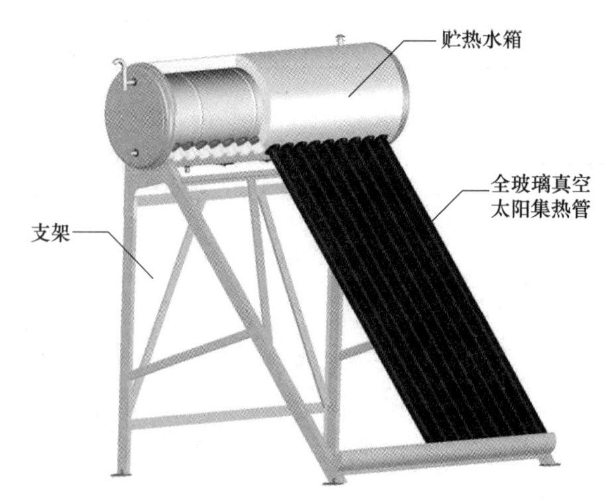

图 4-2　全玻璃真空管太阳能热水器

2）系统工作原理

全玻璃真空管太阳能热水器加热时，全玻璃真空管与水箱之间是自然循环，阳光透过全玻璃真空集热管外管，照射到内玻璃管外表面上的选择性吸收涂层上，辐射能被转化为热能，通过内管管壁传递给真空管内的水，使其升温，真空管内水温升高后，由于密度降低，上升到太阳热水器水箱内，如此不断循环，最终使水箱内水温升高。其中真空管内的水循环是真空管面朝阳光一侧内的水向水箱流动，背对阳光的一侧从水箱向真空管流动（图 4-3）。

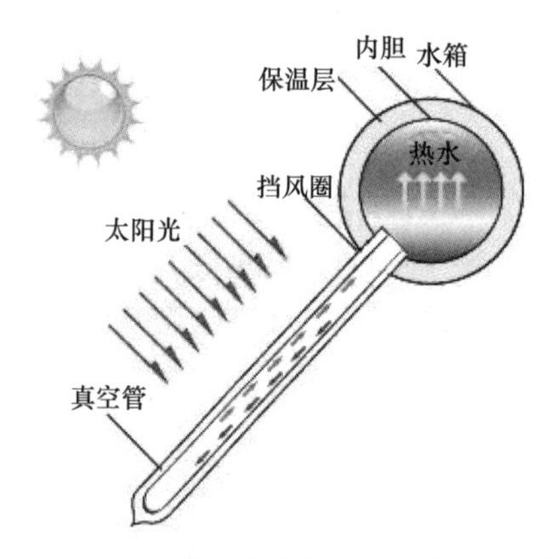

图 4-3　全玻璃真空管太阳能热水器工作原理

3）系统特点

（1）自然循环，落水供水，运行稳定，故障率低；

（2）独立式使用，管理方便；

（3）初期投资少，性价比高，维护费用低；

（4）上二层供水可选装自动增压水泵；

（5）要求自来水水压满足系统补水压力要求。

（6）管道电伴热防冻，可选配电加热和全自动仪表。

4）系统原理（图4-4）

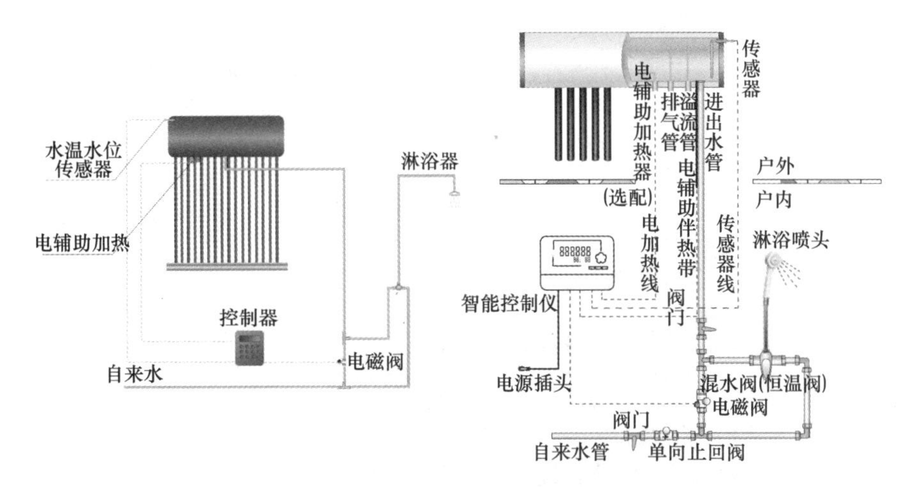

图4-4　系统原理

5）产品主要技术参数

全玻璃真空管太阳能热水器常用的全玻璃真空集热管为Φ47×1500、Φ58×1800，个别厂家也有用Φ58×2100、Φ70×1800的；销量最多的为16支管、18支管的热水器，热水器一般最小做到14支，最大可做到36支。

根据水箱容水量一般可分为100L、115L、120L、130L、140L、150L、165L、195L、245L、265L、285L等。

一般每根Φ47×1600的全玻璃真空集热管可配6～7L水；每根Φ58×1600的全玻璃真空集热管可配7～8L水;每根Φ58×1800的全玻璃真空集热管可配8～10L水；每根Φ70×1800的全玻璃真空集热管可配9～12L水。

6）主要安装方法

根据安装方式的不同，又分平顶型紧凑式全玻璃真空管太阳能热水器和坡顶型紧凑式全玻璃真空管太阳能热水器两类（图4-5）。根据有无辅助热源，可分为只有太阳能式、太阳能预热式、太阳能加辅助能源式。

图4-5　开式紧凑型全玻璃太阳能集热管热水器及安装效果图

4.1.5 承压式金属热管太阳能热水系统

1）结构组成

国内市场上的玻璃金属封接热管真空管太阳能热水器产品有整体式和分体式两种，整体紧凑式玻璃金属封接热管真空管太阳能热水器主要由热管式真空管集热管、水箱和支架三部分组成，外观结构如图 4-6 所示。

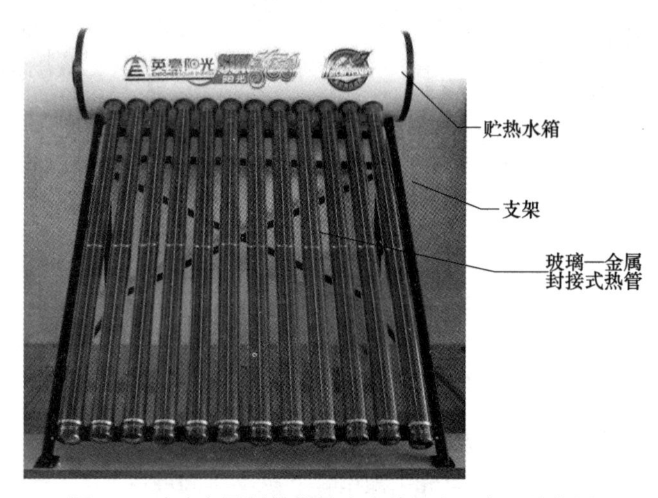

图 4-6 玻璃金属封接热管真空管热水器产品结构图

2）工作原理

如图 4-7 所示，整体式玻璃金属封接热管真空管太阳能热水器工作原理为：阳光透过玻璃封接热管真空管外罩玻璃管，照射到吸热板的选择性吸收涂层上，辐射能被转化为热能并传递给热管内的导热工质，使其升温并汽化，被汽化的工质上升到热管冷凝端，使冷凝端快速升温，与贮热水箱内的水进行换热，工质冷凝成液体，在重力作用下流回热管蒸发端，再汽化再冷凝，如此不断循环，加热贮水箱内的水。

3）系统特点

（1）自然循环，启动温度低，高效采光，得热多，系统稳定可靠；

（2）不炸管跑水，抗高寒，防冻性能高。

（3）承压水箱，带压供水，可全年使用，畅享高品质洗浴；

（4）搪瓷内胆水箱，耐腐蚀，寿命长；

（5）平坡两用，适合多种形式住宅；

（6）30 年使用寿命，一次投资，长期受益；

（7）光电两用，热水充足。

4）主要部件结构原理

（1）玻璃金属封盖

玻璃管的一端有金属封盖，玻璃管抽成真空，使空气的热传导和对流热损失可以忽略的程度（图 4-8）。由于金属和玻璃的热膨胀系数差别很大，所以热管组件与玻璃

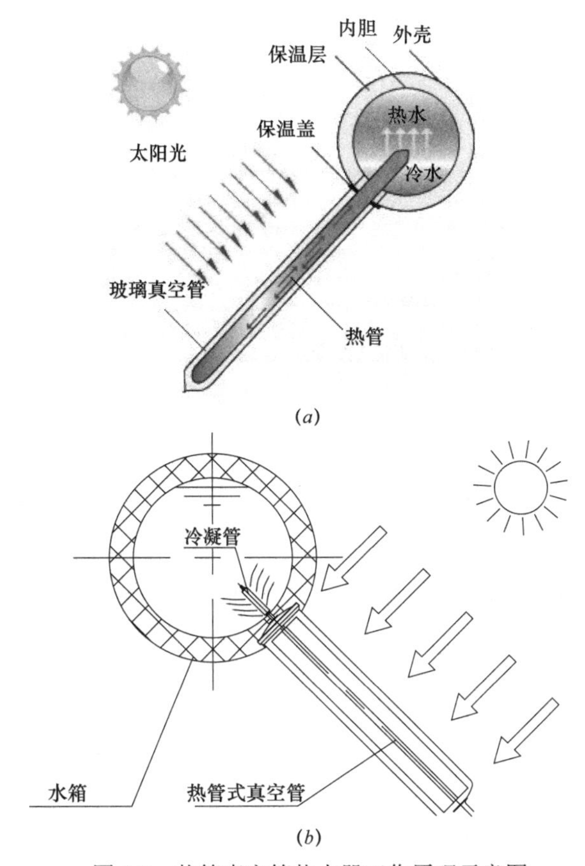

图 4-7　热管真空管热水器工作原理示意图

（*a*）全玻璃热管真空管热水器；（*b*）玻璃—金属封接热管真空管热水器

罩管之间的封接是玻璃金属封接热管真空管的一个技术难题。

玻璃—金属封接技术大体可分为熔封和热压封，由于热压封技术与传统熔封相比较有封接速度快、温度低、封接材料匹配要求低等明显优点，所以目前国内玻璃金属封接热管真空管大都采用热压封技术。

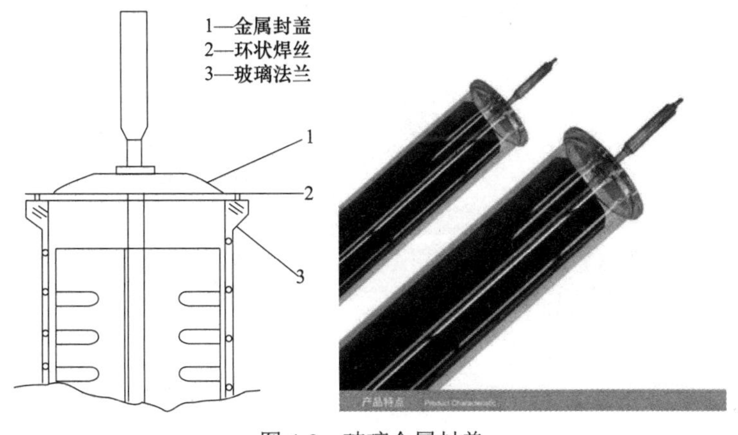

图 4-8　玻璃金属封盖

（2）产品结构（图 4-9）

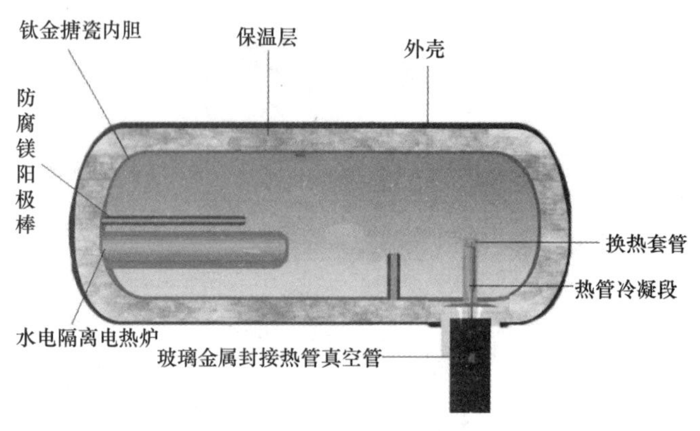

图 4-9　产品结构

水箱的容水量大小必须和集热器采光面积相匹配，同时还要根据用户对水温的要求以及当地的气候条件等因素来确定。各厂家根据市场需求生产的玻璃金属封接热管真空管热水器水箱容积不同，有 90 ～ 300L 不等，常见的有 110L、150L、185L、200L、250L、280L。

5）系统原理图（图 4-10）

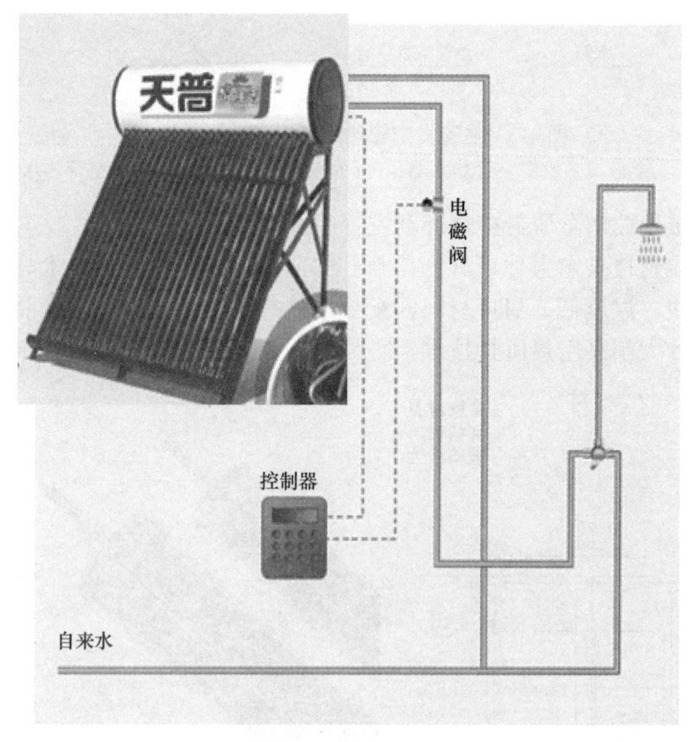

图 4-10　系统原理图

6）安装效果图（图 4-11）

图 4-11　安装效果图

4.2　阳台壁挂式太阳能热水系统

4.2.1　系统说明

采用分散的太阳能集热器和分散的贮水箱供给用户所需热水的系统。每户在阳台或南立墙面设置一集热器，每户阳台（或卫生间）设置一个储热水箱。水箱同家用电热水器一样，独立用水，当阴雨天光照不足时采用水箱内置电加热辅助加热，满足用户热水需求（图 4-12 ～图 4-15）。

4.2.2　运行原理

（1）集热器与水箱之间通过自然（或强制）循环进行热量的交换；

（2）太阳能集热板吸收的热量通过导热介质传递给用户室内的保温水箱；

（3）辅助加热自动控制，定时定温保证热水供应。

· 集热器外挂于阳台南墙面，不破坏建筑的完整性，美观、安全；
· 集热器支架可根据用户要求调节安装角度、自由灵活

图 4-12　阳台壁挂式太阳能热水器

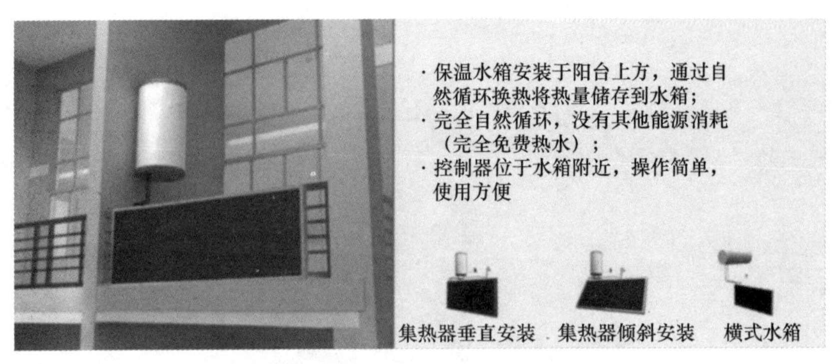

图 4-13　水箱安装在阳台上

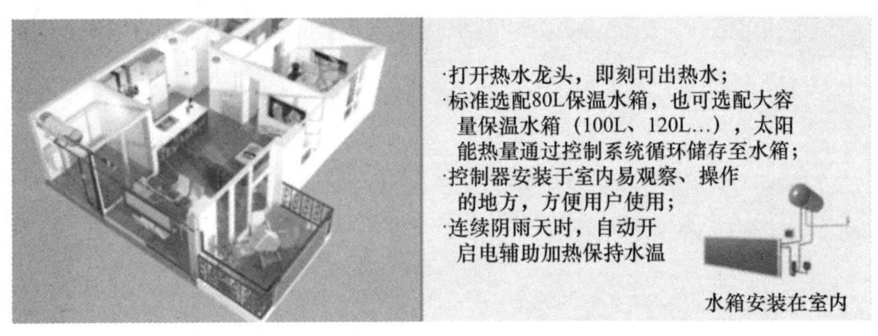

图 4-14　水箱安装在室内（卫生间、储藏间、厨房等）

4.2.3　系统特点

1）优点

（1）各用户的太阳能相互独立，互不影响，不存在单独计量收费的问题，物业无负担；

（2）用户控制灵活，不需物业管理，系统运行成本与入住率关系很小；

（3）室内水箱承压运行，采用顶水出水方式供热水，冷热水压力平衡。

2）缺点

（1）高密度小区底层用户会存在遮光问题；

（2）安装分散，投资稍高。

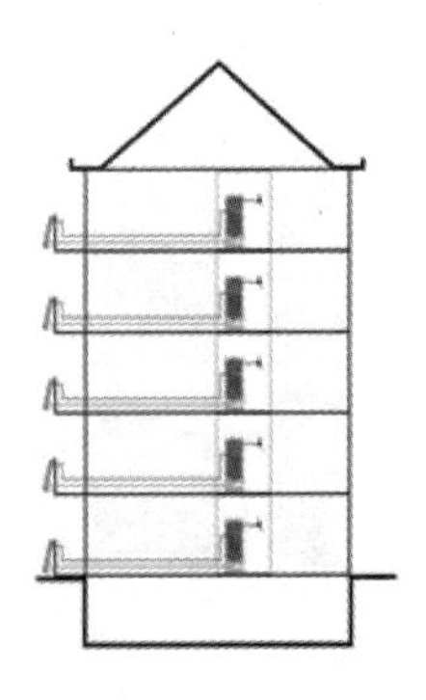

图 4-15　分户集热、分户储热

4.2.4　系统组成

阳台壁挂太阳能热水系统是指太阳能集热器安装在建筑物墙体或阳台等外围护结构上的家用太阳能热水系统，俗称阳台壁挂系统。阳台壁挂系统在住宅建筑中应用较多。

图 4-16 是典型的阳台壁挂系统示意图。阳台壁挂系统由太阳能集热器及支架、

贮热水箱及挂架、连接管道、电辅助加热器、智能控制器等部件组成。其中，集热器与贮热水箱是阳台壁挂系统的两大关键部件。

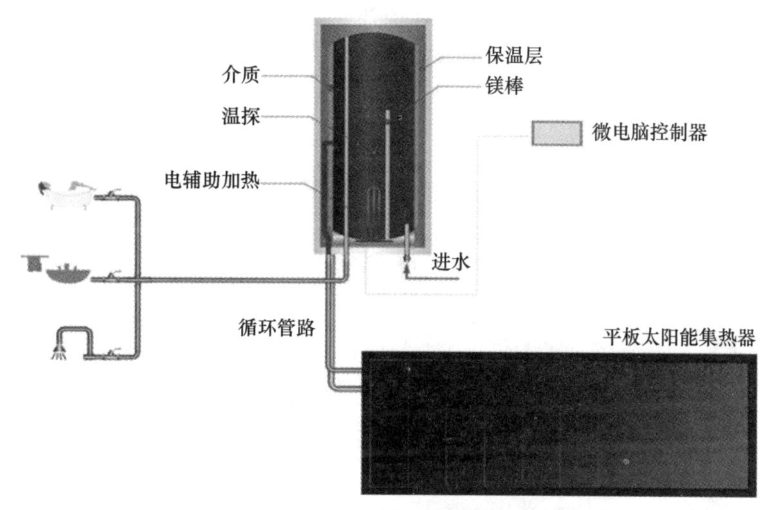

图 4-16　阳台壁挂太阳能热水系统示意图

4.2.5　工作原理说明

图 4-17 是阳台壁挂太阳能热水系统工作原理示意图。阳台壁挂系统实际上就是一个小型的带电辅助加热的闭式间接加热自然循环系统。

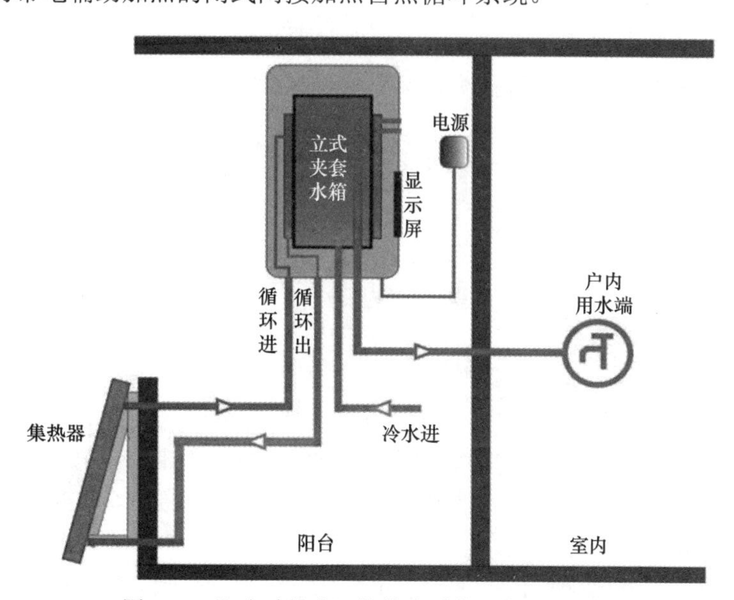

图 4-17　阳台壁挂太阳能热水系统工作原理示意图

阳台壁挂系统的工作原理是：当阳光照射太阳能集热器，使得集热器内的循环工质被加热升温后，密度变小，自动上升到夹套水箱的夹套上部，同时位于水箱夹套下部的工质进入集热器下部，从而形成了换热工质在集热器与水箱换热夹套之间的自然循环。夹套内的工质温度升高后，通过夹套内壁把水箱内部的水加热。当太阳能加热温度不足时，由水箱内的电加热管加热水箱热水。

对于自然循环的阳台壁挂系统，必须将循环系统的循环换热介质加注到高于上循环口的位置，才能形成自然循环回路。对于常用的阳台壁挂水箱，生产厂家在设计时，已经将循环介质的加注口高于上循环口，并同时在高于加注口上方再预留一个排气口和膨胀空间。这样在加注循环介质的时候，循环通道内的气体就能很顺利地排出，当循环介质加注到加液口时，表明已经加满。这样在封闭加注口和排气口后，水箱夹套加注口上方仍留有循环工质排气和膨胀的空间。从而保证自然循环的正常进行。

一般情况下，阳台壁挂系统的贮热水箱为承压水箱。因此使用热水时，打开用热水阀门后，自来水直接进入水箱下部，将水箱上部的热水顶出到用热水点，即可使用。用热水点距离水箱较远时，可以在用热水管路上加装循环管路和循环泵，将水箱上部的高温热水循环至水箱用热水点的管路中，同时将用热水点管路内的低温水循环到水箱下部。从而实现打开用热水阀门，就可出热水。避免了热水用水系统没有循环管路，用热水时，打开用热水阀门，需要先放掉管路中的冷水，然后才能使用热水的弊端。

4.2.6 各部件要求

1）集热器

阳台壁挂系统的集热器主要有平板集热器和真空管集热器，其中真空管集热器主要有U形管真空管集热器、热管真空管集热器等。实际应用当中阳台壁挂系统以平板集热器居多。

阳台壁挂用集热器的尺寸是根据阳台的尺寸设计的。目前阳台壁挂系统常用的平板集热器的尺寸多为800×2400mm、1000×2000mm，U形管真空管集热器一般是12～14支Φ58×1800mmU形管真空管组成，热管集热器多为6支Φ102×2000mm的玻璃金属封接热管集热管。

阳台壁挂用集热器吸热板循环管的结构与开口接头与常规的集热器是不同的。图4-18是两种布管方式的平板集热器。

2）阳台壁挂集热器支架

阳台壁挂集热器的支架主要采用铝合金型材、不锈钢、带钢型材镀锌喷塑等，并已经标准化成型、批量化生产，以带钢型材镀锌喷塑支架和铝合金支架居多。图4-19是常见的阳台壁挂集热器标准化支架图。

成型的支架多以在立面墙体上胀栓固定或化学锚固的形式。对于高层建筑，从安全的角度出发，一些地方规定，在立面墙上放置集热器时，需在立面墙上设置伸出的建筑挑檐，集热器支架应与挑檐固定，集热器不得超出挑檐。以防止集热器坠落，导致伤害事故发生。

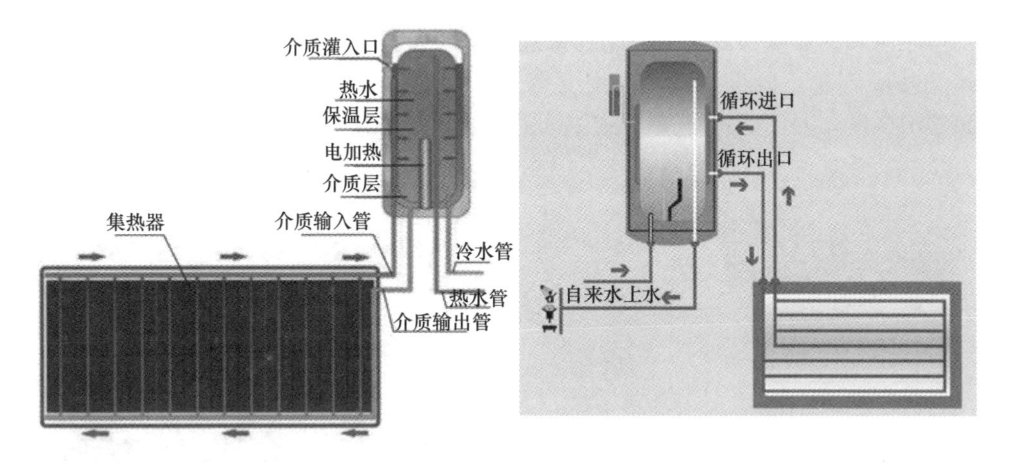

图 4-18　排管与集管布置方式不同的阳台壁挂平板集热器

图 4-19　阳台壁挂集热器标准化支架

3）贮热水箱

阳台壁挂系统贮热水箱的作用是利用贮热水箱上的夹套层实现与集热器的循环，并贮存被夹套工质加热的热水。

按照水箱内换热器的类别不同，阳台壁挂水箱又可分为夹套换热水箱、胆中胆换热水箱，以夹套换热水箱最常见。图 4-20 是不同换热器的阳台壁挂水箱。

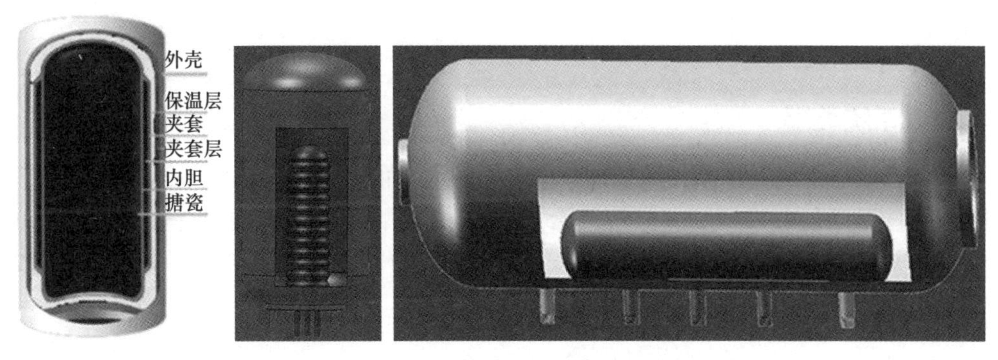

图 4-20　不同换热结构的阳台壁挂水箱

按照水箱内胆的材质不同，阳台壁挂水箱又可分为搪瓷水箱、不锈钢水箱两大类别。以搪瓷水箱最常见。

按照水箱的放置方式，可将阳台壁挂水箱分为竖置和横置两种类别，每种类别的水箱又按照容量不同分为几种，主要有 60L、80L、100L、120 几种，以 80L、100L 最为常用。图 4-21 是水箱放置方式不同的阳台壁挂系统。

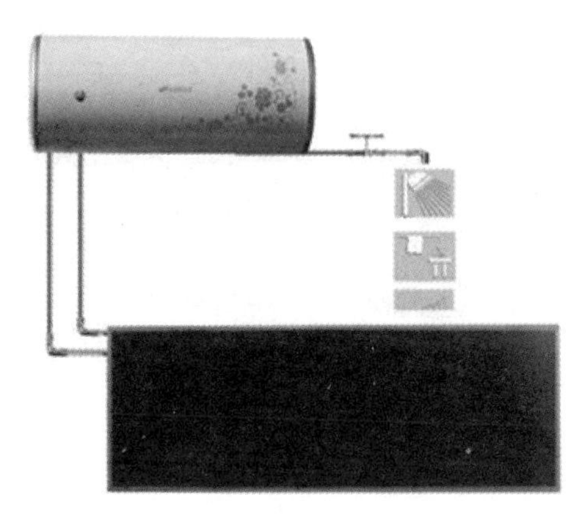

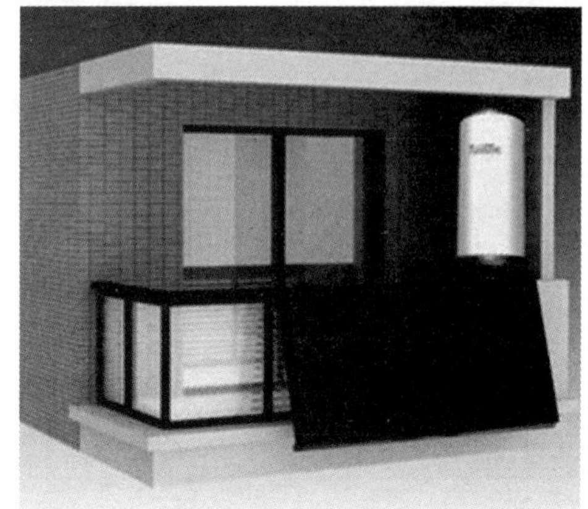

图 4-21　水箱横置与竖置的阳台壁挂系统

阳台壁挂水箱的电加热管和系统控制器一般都在出厂时，已经安装在水箱上。电加热管的电压 220V，功率 1.5 ～ 2kW。控制器的主要功能在于根据温度控制电加热的启停，显示水箱温度，有的控制器还带有 WiFi 物联网智能控制和循环泵的控制功能。

阳台壁挂水箱一般挂在墙体上，水箱支架一般都有水箱厂家配套供应。不同厂家的阳台壁挂水箱，水箱挂件的结构各不相同。因此水箱支架挂件设计结构是否合理，强度是否能够支撑装满水后的水箱重量，应特别予以注意。

4）连接管道

阳台壁挂系统集热器与水箱的连接管路主要有直径 15mm 的铜管或者不锈钢波纹管。铜管需要根据现场走管情况将铜管弯弯，不锈钢波纹管布管时比较快捷方便。管道保温一般采用橡塑海绵或聚乙烯保温管。

5）换热工质

换热工质与分体承压系统采用的换热工质相同。

4.2.7　系统类别

阳台壁挂系统有较多种类。按照所配套的太阳能集热器种类的不同，可分为平板阳台壁挂太阳能热水器和真空管阳台壁挂热水器；按照水箱容量不同，可分为 60L、80L、100L、120L 等型号；按照水箱的安装方式，可分为立式系统和卧式系统（图 4-22）。

4.2.8　立式与卧式阳台壁挂系统的特点

对于立式阳台壁挂系统，其主要优点是夹套与水箱的换热效果好，用热水时，进入水箱的冷水与水箱内的热水不宜混水，热水出水率较高。缺点是竖置安装，会占据室内有用的空间位置。

对于卧式阳台壁挂系统，其主要优点是可以安装在阳台的高处，基本不占室内有用空间。集热器与水箱之间的高差较大，自然循环的动力比竖置水箱大。缺点是夹套与水箱的换热效果不如竖置方式，用热水时，进入水箱的冷水与水箱内的热水容易混水，热水出水率较低。

选用立式还是卧式阳台壁挂系统，主要取决于放置位置。当两种类型均可以放置时，最好选用立式系统。

图4-22　效果实景图

4.3　集中式系统解决方案

4.3.1　系统说明

采用集中的太阳能集热器和集中的贮水箱供用户所需热水的系统（图4-23）。所有用户使用所需的集热器集群统一放置在建筑屋顶，大容量的集中储热水箱和相关设备放置在设备间或建筑屋顶。采用变频供水的方式向所有用户供应生活热水，可加热水表进行计量，当阴雨天光照不足时采用集中辅助加热或分户热水器辅助加热，满足用户热水需求。

4.3.2　运行原理

（1）集热器与水箱之间通过温差循环进行热量的交换；

（2）上水采用电磁阀自动补水，水位自动控制；

（3）集中辅助加热自动控制，定时定温保证水箱有充足的热水；

（4）变频供水采用定时定温循环，保证管道内随时都有热水，一开阀门即有热水。

4.3.3 系统特点

1）优点

（1）可以实现热水资源共享，系统不受楼层高低限制；

（2）只有一个系统，运行可靠，上楼维修率低；

（3）辅助热源选择种类较多；

（4）造价较低。

2）缺点

（1）增加热水计量装置，如果入住率低，采用不合适的辅助能源时，则物业运营困难，易出现天价水费；

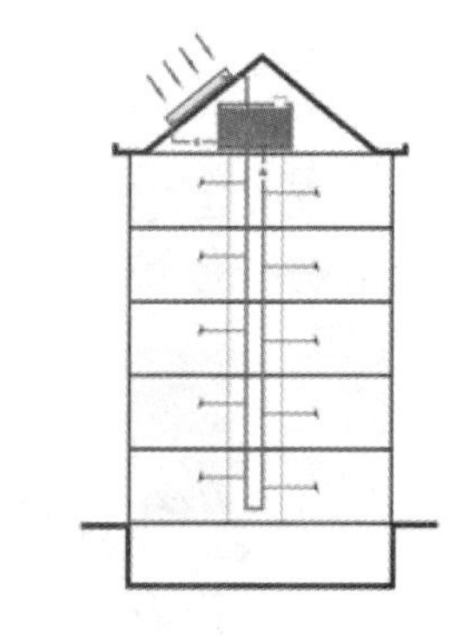

图 4-23 集中集热、集中储热

（2）太阳能热水的成本随天气阴晴和季节不同而变化，运行过程中热水成本变化较大；

（3）冷热水供应方式不同，需考虑冷热水压力平衡措施；

（4）集中储热水箱体积较大，如放置在屋顶，需建筑提供水箱间及增加屋顶结构荷载，如放置在地下室，需建筑物提供地下室水箱间且会增加供水泵的投资。

4.3.4 工作原理说明

集中集热—集中储热系统的工作原理是：在太阳光照射下，当集中太阳能集热系统的工质温度升高后，循环泵启动，通过循环管路将太阳能集热系统的高温介质（工质）循环到集中设置的储热水箱内换热，同时将水箱内的低温介质循环到太阳能集热系统，从而形成了集中集热系统与储热水箱之间的循环把集中水箱内的水加热，实现了通过集中集热器加热集中储热水箱水的作用。

热水供应系统一般采取增压供水泵（或变频）由集中的热水管网将热水输送到用户家中，用户端安装了热水计量收费水表，按用户使用的热水（温度、水量）多少进行计量收费一定的热水费用。辅助加热可集中设置在水箱间，辅助加热产生的费用则计入热水费用当中，或在用户家中分户设置辅助加热装置，此时热水费用中不包括辅助加热产生的费用。这种按热水计量收费管理的方式给后期物业管理带来了不便。

集中—分散系统可广泛应用于多层、高层住宅建筑。

4.3.5 系统各部件的作用与要求

1）太阳能集热器

各种类型的太阳能集热器都适合集中集热—集中储热系统（又称大集中式系统），目前集中式系统常用的集热器主要有平板集热器、全玻璃真空管集热器、热管集热器、U 形管真空管集热器等。

不同类型的集热器有各自不同的特点，大集中式系统的形式应根据集热器的类型特点对系统做适当调整。

一般集热系统运行方式可分为自然循环式、温差强制循环式和直流式，系统常用的方式为温差强制循环＋防冻循环式。

2）集中储热水箱

按照水箱内胆与大气的密闭情况，可以把集中储热水箱分为开式水箱（不承压水箱）和闭式水箱（承压水箱）。

储热水箱是用来储存热水的大容量器具，主要是将太阳能循环加热的水储存起来，给建筑物供应生活热水。一般有两种形式，圆柱形不锈钢焊接水箱和方形压模拼装不锈钢焊接水箱（图 4-24）。储热水箱一般设计安装在建筑物的楼顶设备间或地下室设备间。

图 4-24　集中储热水箱

3）管路泵阀

大集中式系统的集热管路多采用金属管材，以热镀锌管最为常用。阀门主要采用截止阀、闸阀、蝶阀等，以不锈钢、铜材质为主，水泵主要是管道循环泵、离心泵。

4）系统控制器

集中式系统的系统控制器比较复杂，主要是根据太阳能集热器出口温度、集热循环管道温度、冷水温度、储热水箱水温、水位、回水管路温度、当前北京时间等，按照设定的控制逻辑，控制系统循环泵、防冻伴热带、供水泵、补水电磁阀等的自动启停。

5）辅助加热

集中式系统的辅助加热一般可分为集中辅助加热、分散式辅助加热。集中辅助加热是采用大型常规能源设备（电锅炉、燃气锅炉、热泵等），按照用户设定的需求（时间、温度）对储热水箱集中加热。分散式辅助加热是采用小型户用常规能源设备（电热水器、燃气热水器等），按照用户设定的需求（时间、温度）对热水供应温度不足时二次升温加热。

4.3.6　集中式系统的计量收费和运行管理的问题

对于集中式热水系统（图 4-25），热水由物业管理公司统一管理供应，在实际使用过程中，由于各户用热水量和用热水时间不同，各户对热水使用的温度要求不同。

在物业管理当中由于用户的重口难调，很难做到用户满意。热水需要按吨位进行计量收费，收费的高低直接决定了物业管理公司的运行盈亏。收费高，造成用户使用量小，用户不满意；收费低，物业亏损，运行维护困难。

一般大集中式系统应用于住宅建筑时，尽量避免使用集中式辅助加热设备，最好采用分户辅助加热，太阳能计量收费按基础热水阶梯计价。这样，用户才可以做到自觉节能节省费用。如果采用集中式辅助加热，热水供应温度、水量必须要有保障，容易造成太阳能热量利用率低、水箱管路温度高热损失大、辅助能源消耗多、运费费用高、用户节能意识不强等问题。常常爆发用户和物业管理公司方面的矛盾冲突，太阳能集中式热水系统面临进退两难的境地。

图 4-25　效果实景图

4.4　集中—分散系统解决方案

4.4.1　系统说明

采用集中的太阳能集热器和分散的贮水箱供给用户所需热水的系统。所有用户使用所需的集热器集群统一放置在建筑屋顶，每户设置一个储热水箱，相关设备放置在设备间或建筑屋顶，户内水箱同家用电热水器一样，独立用水，当阴雨天光照不足时采用分户水箱内置电加热辅助加热，满足用户热水需求。

4.4.2　运行原理

（1）集热器与水箱之间通过温差循环进行热量的交换；

（2）太阳能集热板吸收的热量通过导热介质传递给用户室内的保温水箱；

（3）辅助加热自动控制，定时定温保证热水供应；

（4）一户一台承压水箱，可放在储藏室，承压运行，洗浴舒适。

4.4.3　系统特点

1）优点

（1）各用户使用自家水箱里的热水和辅助热源，不存在单独计量收费的问题，物业无负担；

（2）便于物业管理，系统运行成本与入住率关系很小；

（3）室内水箱承压运行，采用顶水出水方式供热水，冷热水压力平衡；

（4）太阳能资源能够共享，底层用户不存在遮挡问题，适宜多层建筑群使用。

2）缺点

（1）户内水箱占用室内空间，换热立管占用室内空间；

（2）承压水罐成本稍高。

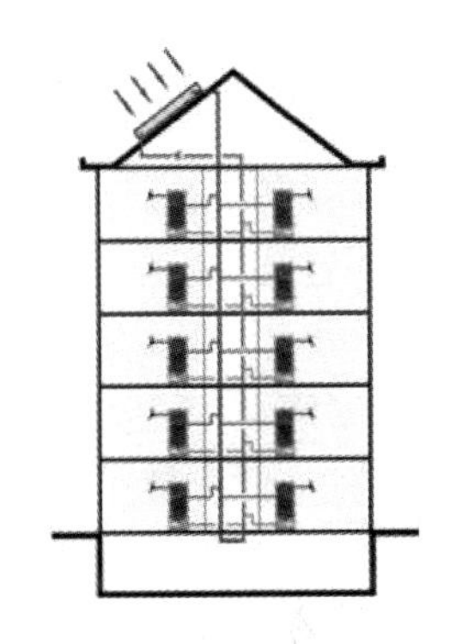

图 4-26　集中集热、分户储热系统

4.4.4　工作原理说明

集中—分散系统的工作原理是：在太阳光照射下，当集中太阳能集热系统的换热工质温度升高后，循环泵启动，通过循环管路将太阳能集热系统的高温介质（工质）循环到各个分户水箱内的换热器内，同时将分户各个水箱换热器内的低温介质循环到太阳能集热系统，从而形成了集中集热系统与分户换热系统之间的循环，同时通过分户水箱内的换热器，把分户水箱内的水加热，实现了通过集中集热器加热分户水箱水的作用。

由于各户用热水情况不同，因此各户水箱内的水温也是不同的。分户水箱上的分户控制器会根据分户水箱的水温自动启动分户水箱内的电辅助加热，把分户水箱的水温加热到设定的温度。

集中—分散系统还在各户设立了防盗热装置，使得系统只能给分户水箱加热，自动防止分户水箱的热量反加热循环管路。有关集中—分散系统防盗热问题，将在4.4.6中详细阐述。

当用户使用热水时，打开用热水阀门，分户自来水进入分户的贮热水箱，并将分户水箱内的热水顶到用热水点。因此，集中—分散系统，各户住宅内的住户使用的都是自家水箱内热水，自来水也是自家的自来水，电加热加热时用的电，也是自家的电。集中太阳能集热系统只向各户提供热能，而不提供热水，因此，不需要再向用户收取热水费和辅助加热的能源费用，从而解决了集中供热水系统存在的需要收取热水水费的问题。这是集中—分散系统的主要优点。

集中—分散系统既解决阳台壁挂系统太阳能存在的太阳能集热器遮光问题，也不需要收取类似集中供热水系统需要收取热水及辅助加热能源费用等问题。因此后期管理方便，避免了物业收取热水费用的问题。

应用于超高层建筑时，系统运行压力过高，对系统部件要求较高，设计及运行管理复杂，因此在超高层建筑中应用较少。

4.4.5 系统各部件的作用与要求

1）太阳能集热器

各种类型的太阳能集热器都适合集中—分散系统，目前集中—分散系统常用的集热器主要有平板集热器、全玻璃真空管集热器、热管集热器、U 形管真空管集热器等。

不同类型的集热器有各自不同的特点，集中—分散系统的形式应根据集热器的类型特点对系统做适当调整。

2）分户水箱

分户水箱是集中—分散系统的关键。由于集中—分散系统分户水箱内的换热器要与位于楼顶的集热系统循环，因此，对于 30 层高的住宅楼，位于 1 层住户水箱的换热器，承受的静压达到将近 $10kg/cm^2$。阳台壁挂系统采用的夹套水箱夹套的耐压能力不能满足要求。因此集中—分散系统用的水箱的结构有其独特的特点。

图 4-27（*a*）是横置集中—分散系统分户水箱，采用了沿水箱前后左右方向绕圈的换热盘管，解决换热器的排气问题。图 4-27（*b*）是竖置集中—分散系统分户水箱，与分体承压系统水箱的换热盘管结构基本相同。

由于集中—分散系统的水箱多放在住宅的卫生间、厨房或阳台位置，因此图 4-27（*a*）横置水箱布局放置起来比较方便。因此该类水箱是目前集中—分散系统主要采用的水箱。对于有充足空间的住宅，可以采用 4-27（*b*）竖置水箱。

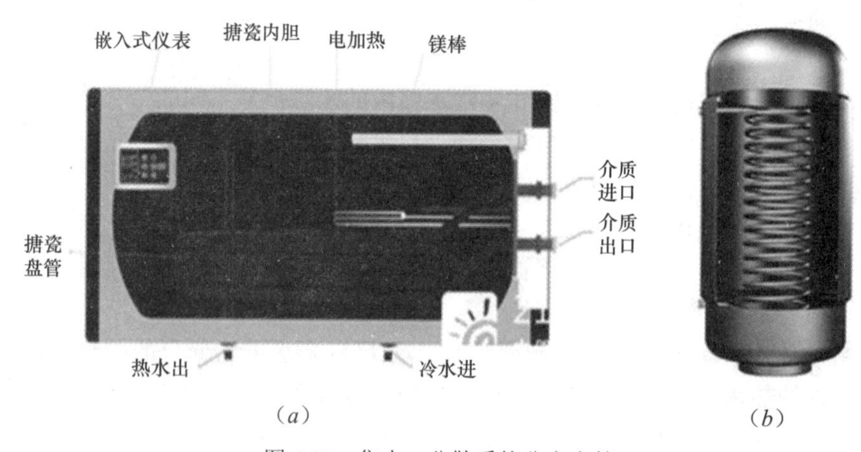

（*a*）　（*b*）

图 4-27　集中—分散系统分户水箱

（*a*）横置；（*b*）竖置

无论是横置还是竖置水箱，水箱内一般都配置有电压 220V，功率 1.5 ～ 2kW 电加热管，另外，水箱上面配置有专用控制器，控制电加热及防盗热装置，并显示水箱温度等。

3）管路泵阀

集中—分散系统的管路多采用金属管材，以热镀锌管最为常用。阀门与集中太阳能热水系统的阀门种类相同，水泵主要是管道循环泵。

4）系统控制器

集中—分散系统的系统控制器比较简单，主要是根据太阳能集热器出口温度、过渡缓冲水箱水温、回水管路温度，按照设定的控制逻辑，控制系统循环泵的自动启停。

分户水箱电加热管以及分户防盗热装置的控制，由分户水箱上配置的控制器实现。

5）缓冲水箱

集中—分散系统的太阳能集热系统是开式系统的，一般都设有缓冲水箱，系统方式不同，缓冲水箱所起的作用也有区别。

集中—分散系统的太阳能集热系统是闭式系统的，应设置膨胀罐。

4.4.6　集中—分散系统几个关键技术问题

1）防盗热技术

对于集中—分散系统，在实际使用过程中，由于各户用热水量和用热水时间不同，各户水箱内的水温是不同的。在太阳能循环加热分户水箱内热水的过程中，就可能存在某些分户水箱的水温高于太阳能循环介质的温度，这种情况下，如果循环换热介质通过水温高的分户水箱的换热盘管，就存在倒换热的问题。

为了解决倒换热的问题，集中—分散系统在每个分户水箱的控制器上，都增设了防盗热功能。其防盗热的原理是：在控制器上是设有水箱温度和循环换热供热管路温度检测探头，并在分户的供热循环管路上加设电动阀。当控制器监测到水箱温度高于循环换热供热管路的温度时，控制器自动关闭安装在分户供热管路上的电动阀，从而自动切断循环供热管路与该户的换热；当控制器监测到分户水箱温度低于循环供热管路温度时，控制器自动打开电动阀，从而实现循环供热管路对该户水箱的加热。

通过上面的阐述可知：防盗热技术实际上是利用温差控制器，通过分户水箱与主循环供热管路的温差不同来自动控制分户供热管路上电动阀的开启与闭合，从而实现了防盗热功能（图 4-28）。

2）防止循环死点技术

配置有防盗热功能的集中—分散系统，在实际使用过程中，还会出现另外一种极端情况，即当主循环换热循环泵停止后，主循环管路由于散热降温，导致主循环管路的温度低于所有的分户水箱，所有用户的防盗热功能全部启动，自动关闭所有户家分支循环换热管路。此时，如果没有循环通路，太阳能与各户的循环换热将不能实现。在没有循环的情况下，主循环管路的温度只会因为散热而继续降温，不会升温。在此种情况下，只要手动打开底层住户的防盗热电动阀，才能让太阳能集热器或缓冲水箱

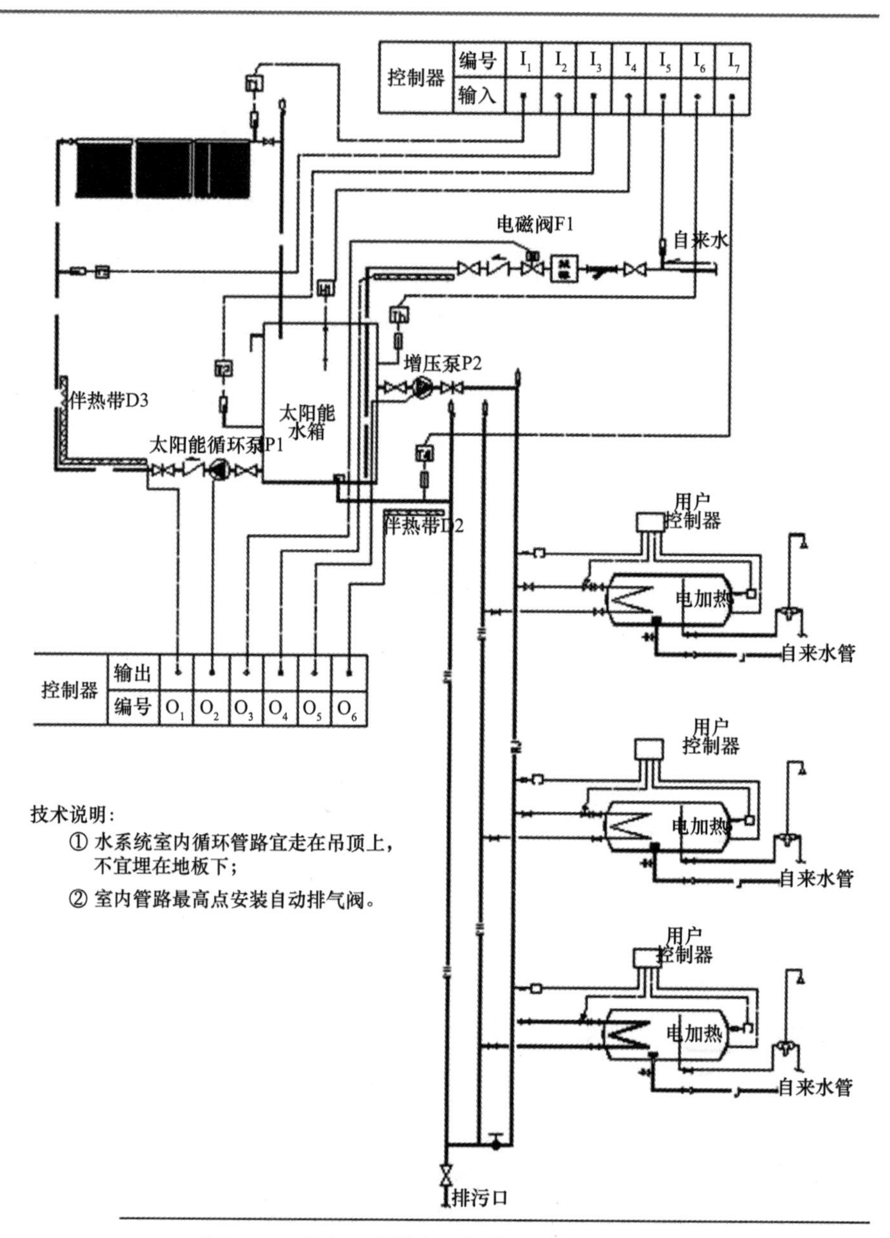

图 4-28 集中一分散太阳能热水系统原理图

的高温介质循环到主管路内，使得自动循环全部恢复。

为了防止上述问题发生，在设计安装时，一般都在太阳能集热系统或者缓冲水箱与分户水箱换热器的主循环管路的最低处（一般在一楼），将循环供水主管与循环回水管接上 *DN*15 或 *DN*20 的旁通管。这样，即使所有户家的防盗热电动阀关闭，主管路还可以通过该旁通管实现循环，从而保证太阳能集热器或者缓冲水箱内的高温介质能够及时循环到主循环管内。从而解决了上述循环死点现象的发生（图 4-29）。

图 4-29　集中—分散太阳能热水系统效果图

第 5 章

北京市新航城安置房项目太阳能热水系统

5.1 北京市新航城项目简介

5.1.1 新机场项目简介

2014 年 12 月 15 日，国家发展改革委员会下发《关于北京新机场工程可行性研究报告的批复》表示，为满足北京地区航空运输需求，增强我国民航竞争力，促进北京南北城区均衡发展和京津冀协同发展，以及更好地服务全国对外开放，经研究同意建设北京新机场。

北京新机场是建设在北京市大兴区礼贤镇、榆垡镇与河北廊坊市广阳区的超大型国际航空综合交通枢纽，远期（2040 年）按照客流吞吐量 1 亿人次，飞机起降量 80 万架次的规模建设七条跑道和约 140 万 m^2 的航站楼，机场预留控制用地按照终端（2050 年）旅客吞吐量 1.2 亿人次，飞机起降量 100 万架次，9 条跑道的规模预留。该机场主体工程占地多在北京境内，是继北京首都国际机场、北京南苑机场（将搬迁）后的第 3 个客运机场，本期建设 4 条跑道及 1 条军民两用跑道（即空军南苑新机场），70 万 m^2 航站楼，客机近机位 92 个，计划于 2019 年年底建成，远期航站楼面积达到 82 万 m^2，客机近机位 137 个，使其满足 7200 万人次的设计能力。北京新机场的建设可破解北京地区航空硬件能力饱和，推进京津冀一体化发展，引领中国经济新常态，是打造中国经济升级版的重要基础设施支持。

5.1.2 新航城回迁安置工程

北京新航城与北京大兴国际机场同步规划，以南中轴为发展的主线，辐射范围包括礼贤镇、榆垡镇、安定镇、魏善庄镇以及庞各庄镇五个主要地区。其中回迁安置工程是保障新机场建设的重要组成部分，包括榆垡、礼贤两个组团（图 5-1、表 5-1）。

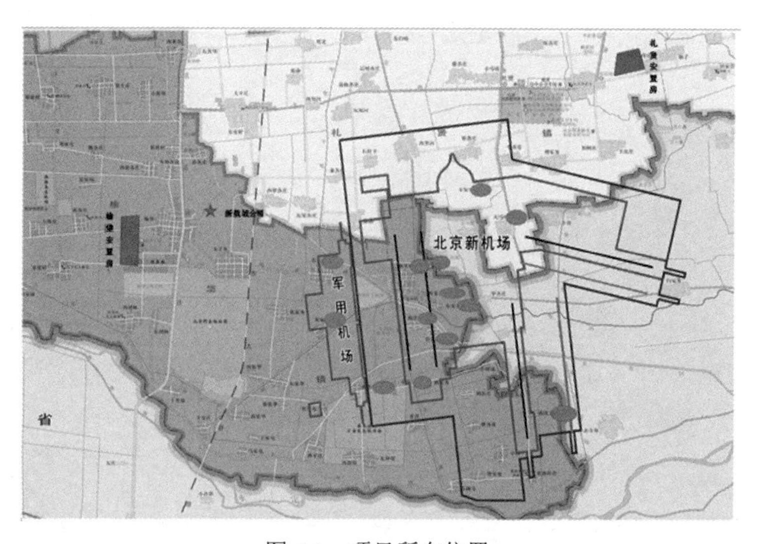

图 5-1 项目所在位置

安置房选址及规模　　表 5-1

	礼贤组团	榆垡组团
位置	大兴区礼贤镇镇区以东，礼贤中学东侧	大兴区榆垡镇镇区西侧
地块面积	地块总开发面积为 1.5km^2，前期开发 24 万 m^2	地块总开发面积为 1.5km^2
总建筑面积	23 万 m^2	127 万 m^2
主要楼层数	12 ～ 18 层	12 ～ 18 层

1）榆垡组团

大兴国际机场回迁安置房项目位于大兴区榆垡镇，南至榆垡路，东至通和街，北至榆泰路，西至汇贤街。交通便利，环境优美适合居住。

项目规划总占地面积约 68.5 万 m^2，住宅总建筑面积约 127 万 m^2，划分为 16 个地块，共有 129 栋 12 ～ 18 层的高层板式住宅楼和 19 栋配套公建。共有住宅 14628 套（图 5-2、图 5-3）。

图 5-2　榆垡组团回迁安置鸟瞰图

图 5-3　榆垡组团总平图

2）礼贤组团

大兴国际机场回迁安置房项目位于大兴区礼贤镇，东起纵二路，西至青礼路旧线，北接横五路，南邻横七路。交通便利，环境优美，适合居住。

项目规划总占地面积约12.5万m^2，住宅总建筑面积约23万m^2，划分为3个地块，共有26栋15～18层的高层板式住宅楼和4栋配套公建。共有住宅2718套（图5-4、图5-5）。

图5-4　礼贤组团鸟瞰图

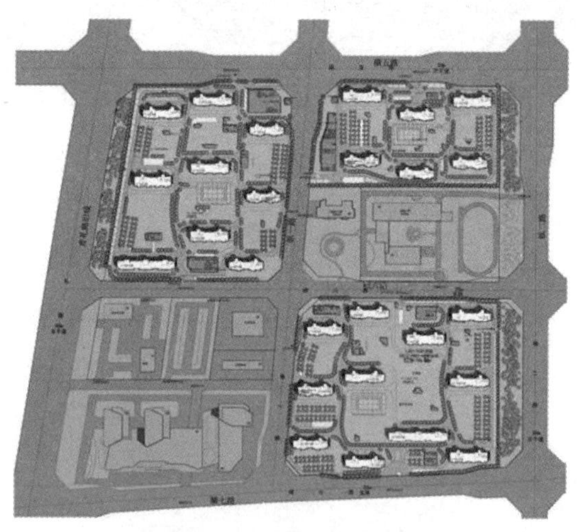

图5-5　礼贤组团总平图

5.1.3　新航城项目节能目标

新航城回迁安置房项目以绿色建筑二星级评价标识为目标设计。

根据《绿色建筑评价标准》GB/T 50378—2014、北京市《绿色建筑评价标准》

DB11/T 825—2015 以及北京市《居住建筑节能设计标准》DB11/891—2012 相关规定要求，本项目拟采用集中设置太阳能集热器、集中进行热水储存控制、分户设置燃气辅助热源的方式，设置太阳能热水供应系统，满足两组团用户生活热水需求。

5.2 太阳能热水系统应用条件与需求

5.2.1 新航城安置项目特点

1）社会影响大

新航城回迁安置房项目是北京新机场工程的配套工程，是北京市重点工程的重要组成部分，具有较大社会影响。如何更好地应用太阳能热水系统，将为国内同类项目的太阳能热水系统设计应用起到示范带头作用，为其他高层住宅建筑的太阳能热水系统应用提供了指导和借鉴。

2）“高层住宅”的特殊性

项目建筑高度在 12 ～ 18 层之间，建筑高度高，相对屋顶面积小，太阳能建筑一体化要求高，由此导致太阳能热水系统设计复杂，同时对系统热效率和运行稳定性造成一定的影响，需要在设计阶段考虑。

3）用户的均质性

本项目属于回迁安置房项目，用户特征较为统一，在物业管理、费用收取等方面需要进行针对性考虑。

4）对节能的高要求

新航程回迁安置房项目以绿建二星为目标进行设计建设。《绿色建筑评价标准》GB/T 50378—2014 的 5.2.16 评分项规定：根据当地气候和自然资源条件，合理利用可再生能源。其中可再生能源的应用占系统能耗比例与得分的关系如表 5-2。较高的太阳能保证率是实现绿建二星的目标有力保障。

可再生能源应用比重与得分　　表 5-2

由可再生能源提供的生活用热水比例	得分	由可再生能源提供的空调用冷量和热量比例	得分	由可再生能源提供的电量比例	得分
20% ≤ Rhw < 30%	2	20% ≤ Rch < 30%	4	1.0% ≤ Re < 1.5%	4
30% ≤ Rhw < 40%	3	30% ≤ Rch < 40%	5	1.5% ≤ Re < 2.0%	5
40% ≤ Rhw < 50%	4	40% ≤ Rch < 50%	6	2.0% ≤ Re < 2.5%	6
50% ≤ Rhw < 60%	5	50% ≤ Rch < 60%	7	2.5% ≤ Re < 3.0%	7
60% ≤ Rhw < 70%	6	60% ≤ Rch < 70%	8	3.0% ≤ Re < 3.5%	8
70% ≤ Rhw < 80%	7	70% ≤ Rch < 80%	9	3.5% ≤ Re < 4.0%	9
80% ≤ Rhw < 90%	8	Rch ≥ 80%	10	Re ≥ 4.0%	10
90% ≤ Rhw < 100%	9				
Rhw = 100%	10				

5.2.2 北京市新航城安置房项目设计参数

依据国家及北京市有关规范要求，设计参数如下：

1）气象参数

年太阳辐照量：水平面 5570.481MJ/m^2，40° 倾角表面 6281.993 MJ/m^2。

年日照时数：2755.5h。

年平均温度：11.5℃。

年平均日太阳辐照量：水平面 15.252MJ/m^2，40° 倾角表面 17.217MJ/m^2。

2）热水设计参数

最高日热水用水定额：60L /（人•d）。

平均日热水用水定额：30L /（人•d）。

设计热水温度：60℃。

冷水设计温度：4℃。

5.2.3 热水系统负荷计算

太阳能热水系统是以每栋楼为独立的一套系统，在此以一栋楼为例，用户数为 108 户，每户以 2.8 人计，总用水人数按 302 人考虑。表 5-3 为该栋楼热水系统负荷计算表。

热水系统负荷计算结果　表 5-3

项目	数值
系统最高日用热水量（L/ 日）	18144
系统设计日用热水量（L/ 日）	9072
设计小时耗热量（kJ/h）	423698.7
设计小时供水量（L/h）	1807
供水管道设计秒流量（L/s）	2.08

5.2.4 热水供应系统太阳能保证率计算

项目一期开发住宅楼共计 146 栋，层高控制在 12 ～ 18 层之间，每栋楼的单元数为 2 ～ 3 个单元，建筑结构按标准户型设计，基本分为 A、B、C 三种户型，进行组合设计。表 5-4 为该项目保证率计算表。

新航城回迁房项目太阳能保证率设计计算表　表 5-4

建筑集群数量		单栋楼设计（太阳能热水系统）				
户型	总栋数	每栋户数	设计集热器面积（m^2）	每栋总用水量（L）	设计太阳能产水量（L）	计算太阳能保证率（%）
2A	45	108	182.84	9072	4772	52.60

续表

建筑集群数量		单栋楼设计（太阳能热水系统）				
户型	总栋数	每栋户数	设计集热器面积（m^2）	每栋总用水量（L）	设计太阳能产水量（L）	计算太阳能保证率（%）
2B	13	108	182.84	9072	4772	52.60
2C	37	108	182.84	9072	4772	52.60
2C（12层）	1	72	156.72	6048	4091	67.64
2C（15层）	9	90	182.84	7560	4772	63.12
2C（17层）	4	102	182.84	8568	4772	55.70
2C（16层）	1	96	182.84	8064	4772	59.18
2A（17层）	1	102	182.84	8568	4772	55.70
2B（17层）	1	102	182.84	8568	4772	55.70
2B（15层）	16	90	182.84	7560	4772	63.12
2B（13层）	1	78	182.84	6552	4772	72.83
3A	13	162	274.26	13608	7159	52.61
3A（17层）	2	153	274.26	12852	7159	55.70
3B	2	162	274.26	13608	7159	52.61
总楼栋数量	146		由太阳能提供的生活热水比率（%）			54.46

5.3　太阳能热水系统形式选择

5.3.1　系统形式的论证

2014年1月24日，北京新航城控股有限公司作为北京新机场拆迁安置房项目的政府实施主体，在北京组织召开了北京新机场安置房太阳能方案论证会。在前期大量调研的基础上，介绍了项目情况及不同太阳能方案的特点，与会专家综合考虑了现行政策、项目定位、投资成本、系统能效、运行维护、物业管理等多方因素，经充分讨论，形成如下论证意见：

（1）项目采用太阳能热水系统符合现行政策和规范要求，对打造绿色节能、环保低碳新航城具有重要意义。

（2）太阳能热水系统形式建议采用集中集热、集中储热、分户辅热的形式。

（3）建议选用高性能的太阳能集热器，技术参数应优于国家相关标准要求。

（4）建议进一步进行市场调研，在保障安全可靠的前提下，考虑节能因素，选择合适的分户辅助热源类型及加热系统形式。

5.3.2 集热器

太阳能集热器是太阳能热水系统中的关键部件，目前在我国普遍应用的为两类：平板型太阳能集热器和真空管型太阳能集热器。

2014 年 1 月 24 日关于北京新航城控股有限公司太阳能热水系统专家论证会中专家建议采用平板式太阳能集热器。表 5-5、表 5-6 为两种集热器的比较。与全玻璃真空管型集热系统相比平板型集热系统存在冬季散热量大效率低、北京地区使用需添加防冻液且要定期更换、造价高等缺点。结合项目实际情况，建议使用全玻璃真空管型系统。

全玻璃真空管型集热器因材质原因会出现爆管情况，爆管后系统需停止运行。太阳能厂家研发有防爆管型全真空玻璃管，即在玻璃管中增加波纹钢管。运行时循环水为独立循环，不受玻璃管爆管影响。此种集热器单系统需增加 1.5 万元左右的一次投资。因成本增加较多不建议使用。

全真空玻璃管目前没有强制检测。为保证真空管质量，建议抽样检测。经调研，一只真空玻璃管的检测费用为 7600 元左右，按此比例抽检会增加 20 万元左右的支出。

集热器类型比选　　表 5-5

名称	集热器类型	
	平板型	全玻璃真空管型
抗冻能力	热媒采用水时不具备防冻能力，加防冻液后具备防冻能力（调研发现：单系统防冻液成本为 0.5 万元左右，3 年更换一次）	有一定的抗冻能力，适合冬天温度 ≥－20℃地区使用
集热效率	单位面积集热效率高，冬季热损失大	冬季集热更好，热损失小
易损程度	过水部件为金属材质，易损程度较低，吸收涂层易出现衰减	吸收涂层有真空保护，易损程度较低，由于玻璃材质，易受外界环境影响出现爆管情况
平均使用寿命	吸收涂层寿命 15 年左右，其余部件 25 年左右	国优品牌可达到 15 年左右
维护	需定期更换防冻液（3 年左右），表面易存灰尘，需清理	真空玻璃管有结垢风险（与阻垢设备有关），定期巡查是否有爆管情况（与安装质量有关）

集热系统比选　　表 5-6

名称	平板系统	真空管系统
示意图	集热器 热交换器 贮水箱	
系统差别	集热器＋板换＋水箱＋水泵（3 套）＋电伴热	集热器＋水箱＋硅磷晶软化＋水泵（2 套）＋电伴热
屋面一次造价（以 18 层、一梯三户为计算依据）	集热器、板换、水箱、水泵、电伴热等合计：21.7 万元 每户：4019 元	集热器、板换、水箱、水泵、电伴热等合计：19.1 万元 每户：3537 元
运行维护成本	每年费用：5267 元 / 年 每户每年费用：98 元 / 年	每年费用：5013 元 / 年 每户每年费用：92.8 元 / 年 注：因爆管由厂家更换，未计爆管损失

备注：仅为项目方案阶段用于方案对比的估算值。

5.3.3　储热部分

储水箱是太阳能热水器的主体，有开式水箱和闭式水箱（敞口水箱）两种。安装完毕的储水箱如果与外界空气不联通则称为闭式水箱；如果与外界联通则称为开式水箱。表 5-7 为两种水箱的比较。从简化系统形式、减少一次成本及后期运营维护的角度建议采用开式水箱。

两种水箱比较　　表 5-7

名称	开式水箱	闭式水箱
优点	① 造价较低； ② 结构简单，维护方便； ③ 可作为冷水直接补水装置	① 闭式水箱储水方式属于封闭式储存，在储存过程中水体不与空气接触，空气中的杂质和微生物不会进入水体中； ② 水体在储存过程中绝大多数时间是流动的，是“活水”
缺点	① 水体的保质时间短； ② 难以避免储水容器对水的二次污染	① 造价较高； ② 冷水不能直接热交换，需通过换热装置，结构复杂、造价高
系统形式	自来水 太阳能集热器	自来水 太阳能集热器

5.3.4 辅助加热部分

1）辅热系统

在太阳能热水系统中结合辅助加热措施体现了“优先利用太阳能，充分利用水箱低温太阳能余热”的设计理念。通过辅助加热装置，把不能利用的低温水加热到合适的温度加以利用，最大限度利用太阳能资源，减少建筑能耗。

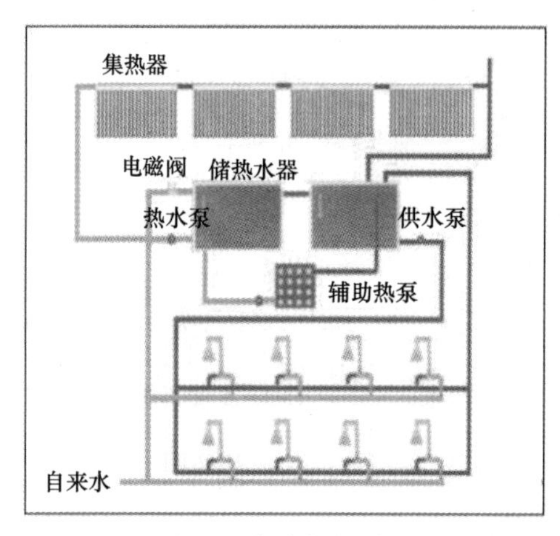

图 5-6 集中辅热系统

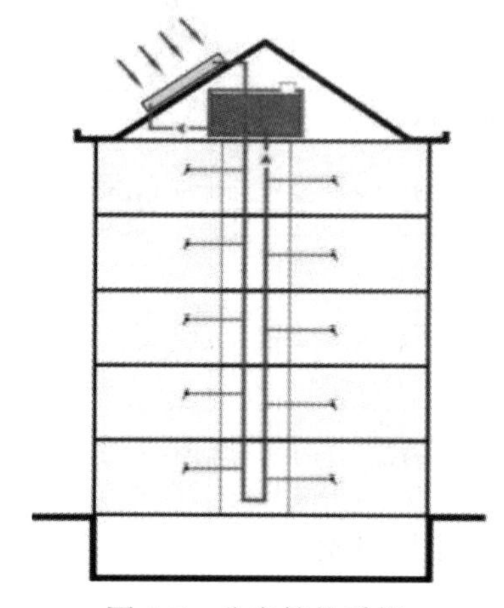

图 5-7 分户辅热系统

从辅助加热设置位置考虑主要分为：集中辅热（图 5-6）与分户辅热两种（图 5-7）。调查发现：①集中辅热占用屋顶空间较大且加热装置有安全隐患。②集中辅热需保证水箱水实时恒温，造成能源浪费。结合 2014 年 1 月 24 日关于北京新航城控股有限公司太阳能热水系统专家论证会中专家意见，建议采用集中储热分散辅热系统。

2）辅热能源

分散辅热式太阳能热水系统的辅助热源主要有电加热与燃气加热两种。从经济情况看：10L 燃气热水器与 40L 电热水器的价格一般在 1500 元左右。从使用费用上看，目前北京地区天然气每立方米 2.3 元，每千瓦时电为 0.5 元。由于两者均用于加热水用，所以用热量来比，$1m^3$ 天然气的热量约为 8kW，1kW·h 电的热量为 1kW，用天然气每千瓦的费用是 $2.3 \div 8 = 0.288$ 元，用电每千瓦费用是 0.5 元。因此，用电热水器的费用是用燃气热水器费用的 1.75 倍，反之，用燃气的费用约是用电的 57%。从使用情况看：电热水器由于功率方面的限制加热时间较长且有散热耗能问题，优点在于出水温度稳定。燃气热水器功率高（加热水时，天然气 COP 值是电的 3 倍），加热时间短，属于即时加热，不需要保温耗能。出水温度有短时间的跳温现象，可通过混水装置解决。

通过上述调研，结合 2014 年 1 月 24 日关于北京新航城控股有限公司太阳能热水系统专家论证会中专家意见建议采用燃气辅热。

常见加热装置热效率　　表 5-8

能源名称	设备成本（元）	能源费用	运行优点	运行缺点
电热水器（40L）	1500	0.5 元 /（kW・h）	水温稳定	加热时间长
燃气热水器（8L）	1500	0.23 元 /m^3	加热时间短	水温短时间内有跳温现象

3）混水装置

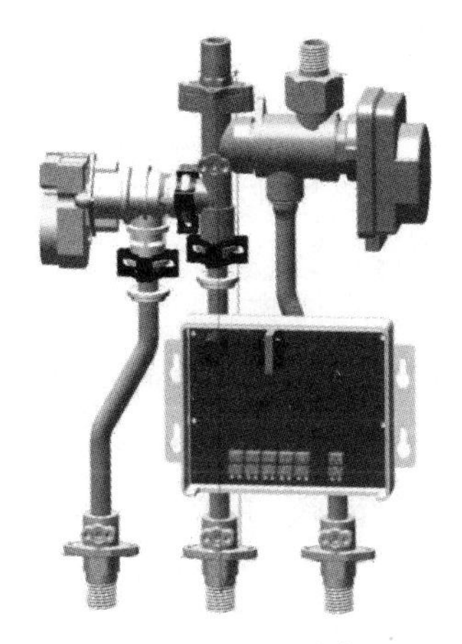

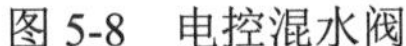

图 5-8　电控混水阀

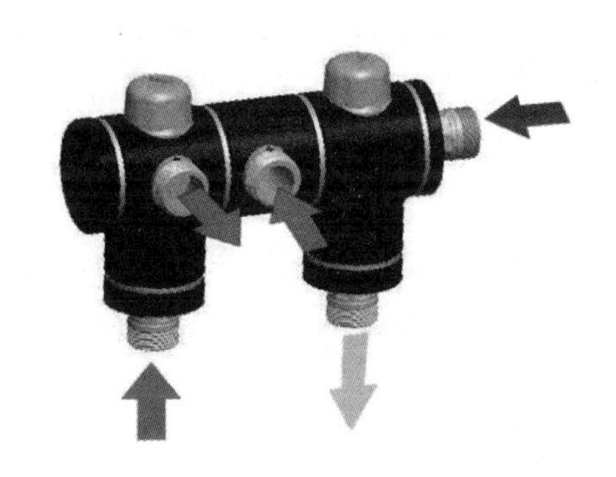

图 5-9　机械混水阀

燃气热水器的功率约为 16 ~ 17kW，使流经燃气热水器的水会有瞬间十几摄氏度的温升。例如如下工况：供水目标温度为 45℃，太阳能储热水箱供水为 42℃，由于温度低于目标温度，燃气热水器启动，从燃气热水器流出的水温可达到 60℃以上。轻则导致用户体验不佳，重则存在烫伤的危险。

由于上述原因，混水装置成为“光燃”结合的重要组成部分。目前国内的太阳能热水系统工程采用燃气辅热（户内不使用储水罐）的应用比较少，混水装置主要分为电控混水与机械混水两种。

图 5-8 为韩国某公司研发的电控混水装置。通过 PLC 实现对三通阀（转向阀）与混水阀的控制达到恒温出水的目的。国内某太阳能厂家也有类似的产品。图 5-10 为电控混水装置的测试结果。测试中温度基本平稳，温度变化幅度为 ±1℃。在太阳能水温接近临界温度时有短暂的跳温现象，随后通过控制混水阀开度温度立即趋于平稳。

图 5-9 为某太阳能公司提供的机械五通混水阀，通过自带感温包实现对阀门的控制。由于此产品少有在国内应用的案例，此产品正在与电控混水装置相同的测试平台上开展相关测试工作（图 5-10）。在前一阶段的测试中，此产品在各种工况中：①出水温度较为平稳，水温接近临界温度时有短暂的冷热变化，但是由于测试精度的原因并未在数据中体现出来。总体感觉温度变化在可接受的范围内；②出水温度比目标温

度低2℃左右，初步判断由于感温包时刻随温度变化，有冷水混入造成；③其中一次实验工况下，在太阳能给水温度高于目标温度十几摄氏度的情况下，燃气热水器依然工作。厂家解释此阀门未正确设定。厂家愿协助进行进一步的测试。

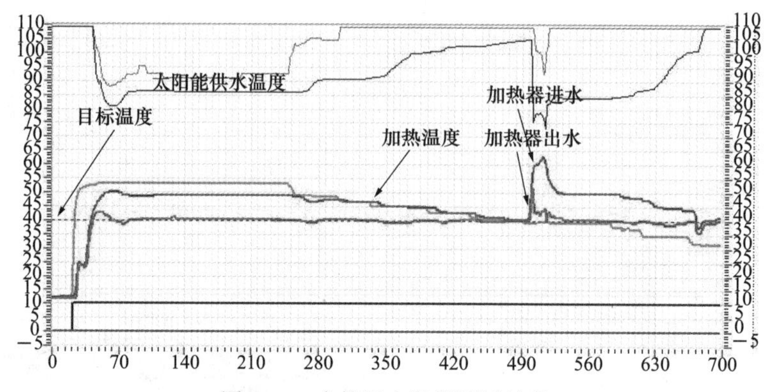

图 5-10 电控混水装置测试结果

上述两种方案解决了燃气作为辅助热源的情况下恒温出水的问题，但是不能解决温度调节的问题。经过调研，项目组制定了一种“类太阳能专业热水器＋机械温感调节阀”的方案。“类太阳能专业热水器”通过燃气进气比例调节阀和冷水进水比例调节阀的相互配合可以很好地解决普通燃气热水器瞬时温升过快的问题。同时燃气热水器上有温度调节面板，用户可以根据自己的需要调节合适的温度。当太阳能储热水箱过来的水温低于设定温度时，燃气热水器启动，辅助加热到设定温度，温度波动范围为2℃左右。当太阳能储热水箱过来的水温高于设定温度时，热水直接通过，燃气热水器不启动。为了保障用户的安全，防止烫伤，在燃气热水器的前端增加机械温感调节阀，当太阳能水温过高时，通过机械温感调节阀降低太阳能进水水温，起到过热保护的作用。

通过调研：①电控混水装置比较可靠，出水温度比较稳定，但对两个电动阀门的寿命及低故障率要求较高；②机械式五通阀出水温度稳定，产品结构简单，但是在测试中发现有冷水路不能彻底关闭和温度调节难度大的缺点，此产品还需要进一步的测试。③“类太阳能专业热水器＋机械温感调节阀”系统简单，既能实现温度的稳定，热用户还可根据需要调节合适的温度。

5.3.5 系统防冻

太阳能热水系统防冻包括集热器防冻和管路防冻。对于真空管集热器，当温度≤－20℃的环境下使用时，要考虑防冻问题；对于管路系统，当在低于0℃的环境下使用时，也需要考虑防冻问题。对于全玻璃真空管系统防冻的主要方式有：循环防冻、伴热带防冻与排空防冻。

1）循环防冻

由温度感应器根据太阳热水系统管路内水的温度来自动控制水泵，当管路水温低于某一温度值时，温控仪使循环水泵启动；当管路水温高于某一温度值时，温控仪使循环水泵停止。

缺点是耗电，停电将造成结冰冻坏的危险，所以要配合其他防冻措施使用。此种防冻形式应用在循环管路上。

2）伴热带防冻

伴热带防冻就是通过在太阳热水系统的管路上加装电加热带的方式，从而达到防止管路结冰的目的。当管路水温低于某一温度值时，感温装置使电加热带通电；当管路水温高于某一温度值时，感温装置使电加热带断电。

伴热带防冻可以解决管路的防冻问题，应用在集热器以外的管路上。

3）排空防冻

排空防冻就是通过手动排空太阳热水系统管路和集热器中的水，来达到防止管路结冰的目的。利用太阳能热水系统管路最低处的排污阀，当上述两种防冻方式不能防止系统结冰时（停电或极寒天气），人工打开排污阀，使太阳能热水系统中的水从排污阀排出，从而达到防止结冰的目的。

完全排空后再次上水，有可能造成全玻璃真空管炸管。为减少上水时导致的真空管爆炸的风险，所以建议操作时管路中的水不完全排尽，留有三分之一。

根据以上调研情况结合北京地区的环境特点，建议采用循环防冻与伴热带防冻相结合的防冻措施。同时，为了避免冬季停电或极寒天气对系统造成损失，利用系统的排污阀，辅以手动排空防冻的方式。

5.3.6 系统及控制

1）太阳能热水系统（图5-11）

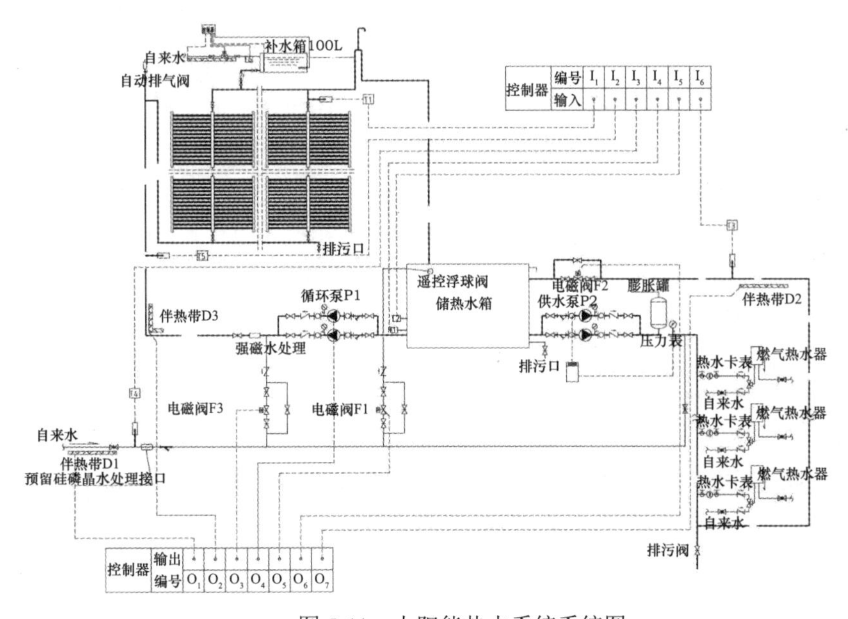

图5-11 太阳能热水系统系统图

经上述对比，基于太阳能系统的可靠性，结合一次投资费用、运行成本、后期维护、提供热水的效率等方面因素，结合 2014 年 1 月 24 日关于北京新航城控股有限公司太阳能热水系统专家论证会中专家意见建议采用“集中集热、集中储热、分户辅热（燃气）”的系统模式（图 5-11），辅助能源为户用燃气热水器，保证用户 24h 用热水需求。太阳能储热水箱正常储水温度为 60℃（最高不超过 70℃），经燃气热水器供至用户用水终端为 45℃恒温出水。

2）系统运行原理

（1）系统补水

建议系统补水分为水箱补水与集热器补水两路。水箱补水保证白天系统正常运行用水。集热器补水用于傍晚系统最后热水的充分利用。

其中水箱补水有：①定水位补水：当水箱水位低于设定水位时，补水电磁阀自动启动，补水至设定水位停止；②温控补水：当水箱水温超过水箱设定水温 5℃，且低于最高水位，自动补水至高水位或到达设定水温停止；③无水补水：当系统检测到水箱最低水位时，补水至一定水位停止补水。

当阳光不足时集热器补水，集热器与水箱中水温持续下降。当集热器中水温降低至一定温度时停止水箱补水，启动集热器通过凉水顶水管路将真空管内的水顶至水箱内，直到水箱中水温低于 45℃。

（2）温差循环

当集热器水温高于集热水箱水温 8℃时，启动循环直至二者温差小于等于 2℃，如此循环，将集热水箱内的水逐步加至设定温度。

（3）用户供水

采用变频供水，保证供水压力稳定平衡且达到节能效果，供热主管道采用温控循环供水方式。

（4）燃气辅助加热系统（恒温出水）

太阳能热水系统采用户内燃气热水器辅助加热，用户用水时，热水通过燃气热水器（和混水装置）进行二次加热，供至用户用水终端，保证系统实现 24h 恒温供水。

（5）立管管道定温循环

当回水温度低于水箱设定温度或立管温度低于水箱特定温度，启动管道与水箱之间的循环直至管道水温达到设定温度或接近水箱的一定温度范围。

（6）防蒸干爆管系统

集热器系统高点设有高位水箱，防止高温时集热器中的水蒸干后补水爆管，当高位水箱中的水位低于设定水位时，系统自动补水至高位水箱。

（7）防冻系统

当集热循环管道温度≤ 5℃，且集热水箱中的水温＞ 5℃时，循环泵启动，循环至≥ 5℃，循环泵停止；当集热循环管道温度≤ 5℃，且集热水箱中的水温＜ 5℃时，电伴热带自动启动，达到 10℃（可调）时停止。其余室外管路部分温度＜ 5℃时，使用电伴热带防冻。

（8）收费系统（图 5-12）

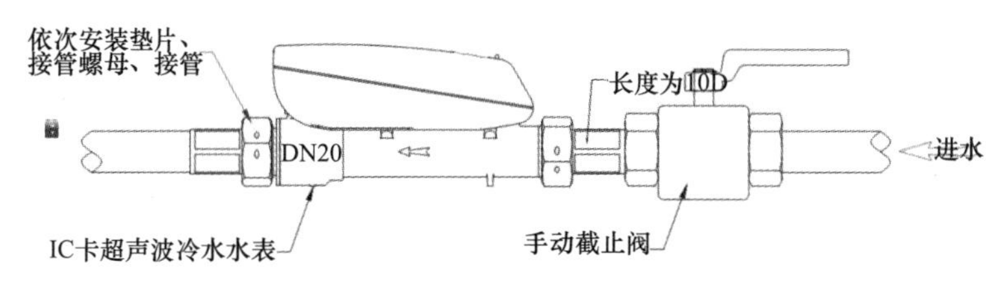

图 5-12　热计量表安装示意图

建议用户太阳能生活热水采用预缴费方式，即开通前进行 IC 卡充值，水表根据热水单价、冷水单价与相应用水量进行计费。当水表内剩余金额不足时，阀门关闭。因此热计量表需具备如下功能：表体的流量管上安装温度传感器，当温度传感器采集到的水温≥ 45℃时，按热水计量收费。低于 45℃时，按冷水计量收费。根据调研，已经咨询过两个厂家生产的水表具备分两种温度计量的功能，且此种水表流量计量具备远传的功能，远期如有需求可以结合能效平台远传采集数据。

经调研此种表的安装长度大约为 0.5m。请注意留有安装及操作空间。

（9）其他功能及要求

控制系统的设备（电磁阀、循环泵、变频供水泵、伴热带等）设有手动 / 自动 / 停止开关，方便系统调试运行。

3）控制方式（表 5-9）

控制方式对比　　**表 5-9**

核心部件	原理	优点	缺点	成本
单片机	通过固化到单片机芯片中的程序，对系统进行模拟控制	① 价格低； ② 线路简单； ③ 元器件少	① 程序不易修改； ② 抗干扰能力差； ③ 可靠性差	低
PLC	通过 PLC 的可编程器，根据用户需要，随时编制程序，实现数字化控制	① 程序可随时更改； ② 抗干扰能力强； ③ 可靠性高	① 价格高； ② 线路复杂； ③ 元器件多	高

根据以上调研情况，建议采用 PLC 作为控制系统的核心部件。

5.4　技术分析与设计优化

5.4.1　集热系统

近年来，太阳能热利用行业和建设行业加快了太阳能与建筑结合应用技术开发的步伐。由于建筑是一个复杂的系统、一个完整的统一体，如果要将太阳能技术融入建筑设计中同时继续保持建筑的文化特性，必须从技术和美学两方面入手，使建筑设计与太阳能技术有机结合，由此产生了“一体化设计”的概念。所谓“一体化设计”是指在建筑规划设计之初，就将太阳能技术纳入设计内容，使其功能构件成为建筑的一个有机组成部分，统一规划、同步设计、同步施工，与建筑工程同时投入使用。太阳能技术与建筑的一体化意在谋求技术和建筑形式之间的统一性，使建筑外观更有生命力和说服力。本项目为实现建筑太阳能热水系统一体化，太阳能集热器采用模块化和标准化的产品，满足与建筑外观有机结合、结构安全耐久、管路布置合理、系统运行安全可靠。

本项目太阳能热水系统综合考虑了系统的安全性、适用性、经济性、美观性及后期维护管理的方便性等内容，采用集中集热—集中储热—分户供热—分户燃气辅助加热系统，全玻璃真空管型集热器，开式储热水箱，变频供水，分户热水计量收费方式。

以一栋楼为例，18 层建筑，两个单元，一梯 3 户，共 108 户，每户以 2.5 人计算，平均日热水用水定额为 30L /（人· d），则总热水用量为 8100L/d，设计出水温度为 60℃，冷水温度为 4℃。本项目设计太阳能保证率为 54%。

根据北京市地方标准《民用建筑太阳能热水系统应用技术规范》DB11/T461—2010，计算得 $A_{jz}=174.56\text{m}^2$，结合屋面实际安装情况，共安装集热器面积 182.84m^2。

集热器安装倾角应根据当地纬度 ±10° 确定，如系统侧重夏季使用，其倾角宜为当地纬度减 10°，如系统侧重冬季使用，其倾角宜为当地纬度加 10°。北京市纬度为 39°48′，经度为 116°28′，本项目建筑为南北向设计，太阳能集热器安装方向为正南，安装倾角为 40°，保证太阳能热水系统与建筑结合的协调统一及系统的使用效率。

5.4.2 供热水箱、缓冲水箱设计

太阳能热水系统储热设备设计为开式方形储热保温水箱。水箱安装在建筑楼顶太阳能设备间内，设备间已经按照水箱最大运行重量进行了结构设计并预留了承重基础和位置。

储热水箱水位按设计进行最低水温保护 20%（可设定），并分时段按早、中、晚用水高峰进行水位控制。当水箱水位高于最低保护水位时，系统可执行温差循环功能和定温放水功能，即当储热水箱内的水温低于 45℃即当集热器温度与储热水箱温度形成温差达到 8℃（可设定）时，太阳能控制系统自动启动集热循环泵进行温差循环；温差达到 2℃(可设定）时，循环泵停止运行。当水箱温度高于设定温度 45 度时，可执行补水功能，直至水箱满水后又进入温差循环功能。如此反复循环和加水，将水箱中的水加热到设定温度 60℃以上并保证最大储水量。储热即太阳能集热器将吸收到的太阳辐照量将水加热并储存至储热水箱中的过程。

储热水箱容积的确定，计算公式如式（5-1）：

$$V_{rx}=q_{rjd}\cdot A_j \tag{5-1}$$

式中：V_{rx}——贮热水箱有效容积（L）；

A_j——集热器总面积（m^2）；

q_{rjd}——集热器单位采光面积平均每日产热量 [L/（m^2·d）]，根据集热器产品的

实测结果确定。无条件时，根据当地太阳辐照量、集热器集热性能、集热面积的大小等因素按下列原则确定：

直接供水系统 $q_{rjd}=40\sim100$L/（m^2·d）

间接供水系统 $q_{rjd}=30\sim70$L/（m^2·d）

以一栋楼为例，太阳能热水系统为直接供水系统，总共设计安装太阳能集热器182.84m^2，按每单元为一个独立系统，则单个系统配置集热器面积为91.42m^2，则储热水箱容积为91.42m^2×50L/m^2 = 4571L。根据方形水箱组合形式及水箱有效容积满足设计使用要求，储热水箱设计为6m^{3}方形水箱。

方形储热水箱采用内外不锈钢材质，内胆为食品级不锈钢板SUS304 2B，符合现行国家标准《生活饮用水输配水设备及防护材料的安全性评价标准》，外壳采用不锈钢板，保温采用聚氨酯整体发泡，结构密度达到35～45kg/m^3，闭孔率≥95%，零下45℃不收缩变形。

5.4.3　辅助能源设计

为保证用户24h用热水需求，太阳能热水系统需配置辅助加热系统。辅助加热系统的选择：

根据《北京市太阳能热水系统城镇建筑应用管理办法》对该类型住宅建筑太阳能设计的规定如下：第十一条 集中式太阳能热水系统的辅助热源应当选用城市热网、燃气或居民低谷电。当必须采用普通电能作为辅助热源时，宜采用分散辅助热源形式。

太阳能储热水箱设置在每栋楼屋顶设备间内，而小区供热机房集中设置，由于高温热水换热由热力集团统一管理，一般不允许分散设在每栋楼中，因此较难在楼内直接利用城市热网高温热水作为辅助热源。由于冬季的集中供暖系统是按气候调节水温的，与生活热水加热需求存在矛盾，需要在供热机房再设置一套换热设备和循环水泵，并另铺设二次室外管网，用专用的二次水对楼内太阳能生活热水进行辅助加热。除楼内的太阳能生活热水系统外，需另设集中供热设备和外网，建设单位投资较高，因此目前这种做法在住宅建筑采用的极少。燃气辅助加热相对电辅助加热，不仅综合效率高于电加热，从经济角度，按目前民用天然气和民用电的价格计算，相同热量的辅助热源费用，采用电能的价格是燃气的2.3倍左右。考虑太阳能热水系统的后期管理，故太阳能热水系统的辅助热源采用分散燃气辅助（即户家燃气热水器）。

由于目前市面上的燃气热水器与太阳能热水系统不能完全匹配，导致在临界温度点用水终端水温忽冷忽热。为保证燃气热水器与太阳能系统的完美结合，在用户室内末端（太阳能供水）燃气热水器前加设一套恒温控制供水装置（光燃魔方），以保证最大限度地优先利用太阳能，减少辅助能源的用量，又能实现智能控制热水供水温度，不管太阳能热水供水温度如何变化，燃气热水器＋恒温控制供水装置能给用户提供热水温度稳定在设定的恒定温度内，并实现上下波动在 ±1℃左右，保证用户热水使用的舒适性和安全性。太阳能热水系统经燃气热水器供至用户用水终端为45℃（可调范围：35℃～50℃）恒温出水。

系统按每户配置 1 台强排烟自动恒温数码显示燃气热水器（图 5-13），加热功率为 20kW，额定热水产率 10L/min。

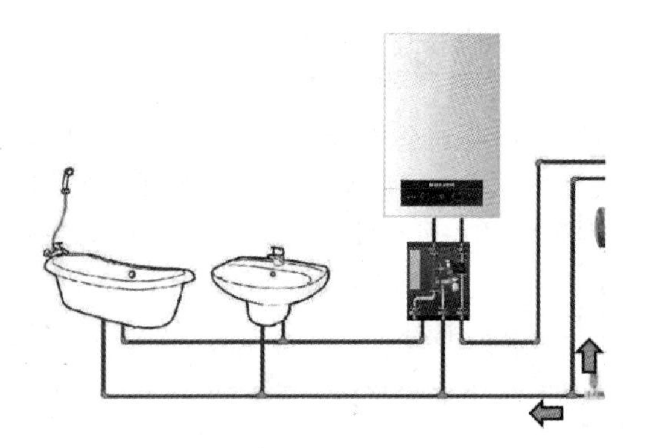

图 5-13　强排烟自动恒温数码显示燃气热水器

5.4.4　供水方式

由于太阳能热水系统采用集中集热—集中储热—分户供热—分户燃气辅助加热方式，全玻璃真空管型集热器，开式方形储热水箱，为了保证供水压力平衡，供水方式设计为变频供水，供水增压泵采用变频器自动控制，变频器控制 2 台水泵工作（水泵一用一备），以保证供水量的充足。由于本项目属于住宅项目，故变频器采用低噪声高稳定性产品。在水泵末端设有稳压装置，以减少供水泵的频繁启停，延长水泵使用寿命。户内通过燃气热水器恒温出水后供至用水末端。

分户使用燃气热水器辅助加热，用户可以自行调节用水温度，减少辅助能源的浪费，亦可简化后期辅助能源费用收取。考虑每户使用太阳能热水平衡问题，热水收费方式采用分户热水计量方式（IC 卡表），按供水温度分段计价收费，避免热水分配不均，便于后期物业维护管理。

在北方由于冬季气温较低，系统还设置有防冻功能：即当系统管路温度达到防冻启动条件时，控制系统自动启动防冻功能，保证太阳能热水系统正常运行。系统还设置有防过热功能：当天气晴好，太阳辐照较强时，如果系统检测水箱温度达到设定高温值 70℃（可调）时，控制器强制关闭集热循环泵，低于设定高温值时恢复正常运行，杜绝水箱高温。集热器高温保护功能：当集热器温度大于等于 85℃（可调）时，锁闭集热循环泵，集热器循环功能暂时停止，当集热器温度小于等于 80℃（可调）时，集热器循环功能恢复正常。供热管路循环功能：当热水回水管道温度低于 35℃（可调）时，回水电磁阀打开，达到 45℃（可调），回水电磁阀关闭。保证供水干管温度，减少因供水温度过低，导致的水源浪费。低水位保护功能：储热水箱设有最低保护水位（水箱的 20% 水位）（可设定），当水位低于最低保护水位时，太阳能循环泵、供热循环泵停止运行，当达到 30% 水位（可设定）时，太阳能循环泵、供热循环泵，恢复正常功能。

5.4.5　太阳能控制系统

控制系统是太阳能系统的大脑，要求控制系统设计科学、运行合理、多模式选择、人性化设计、可编程序控制、人机交互界面、带远程数据监控等功能。

太阳能控制系统除具备基本功能要求外：温差循环、定位补水、自动补水、双路定时温度补水、防冻循环、防冻伴热、定温回水、防高温、防冻等功能。还有具备以下功能和特点：

（1）系统设备（电磁阀、循环泵、供热泵、伴热带等）设有手动 / 自动 / 停止开关，方便系统调试运行；

（2）储热水箱水位显示、温度显示，冷水管道温度显示，集热器温度显示，供、回水温度显示等。设备运行状态显示指示；

（3）控制器主屏幕采用 10 寸彩色触摸屏，PLC 核心原件采用西门子品牌；

（4）控制器带漏电保护、防雷保护、接地保护、低水位保护，高温保护；

（5）控制器要求由数据采集和记录功能，并预留远程监控 485 接口。

5.5　最终方案及优化

本项目太阳能热水系统设计为：集中集热—集中储热—分户辅热集中式热水系统。

建筑按每单元设置一套集中式的太阳能热水系统。太阳能热水系统采用全玻璃真空管式太阳能集热器，楼顶设置有太阳能设备间，在设备间安装开式储热供热水箱，采用变频增压供水的方式集中向用户端供应热水，热水管道采用主管道温控循环，太阳能循环泵、热水供水泵采用一用一备设计。用户末端配置户用强排式燃气热水器＋恒温供水控制装置，45℃恒温供水。热水采用 IC 卡计量收费（图 5-14 ～图 5-17）。

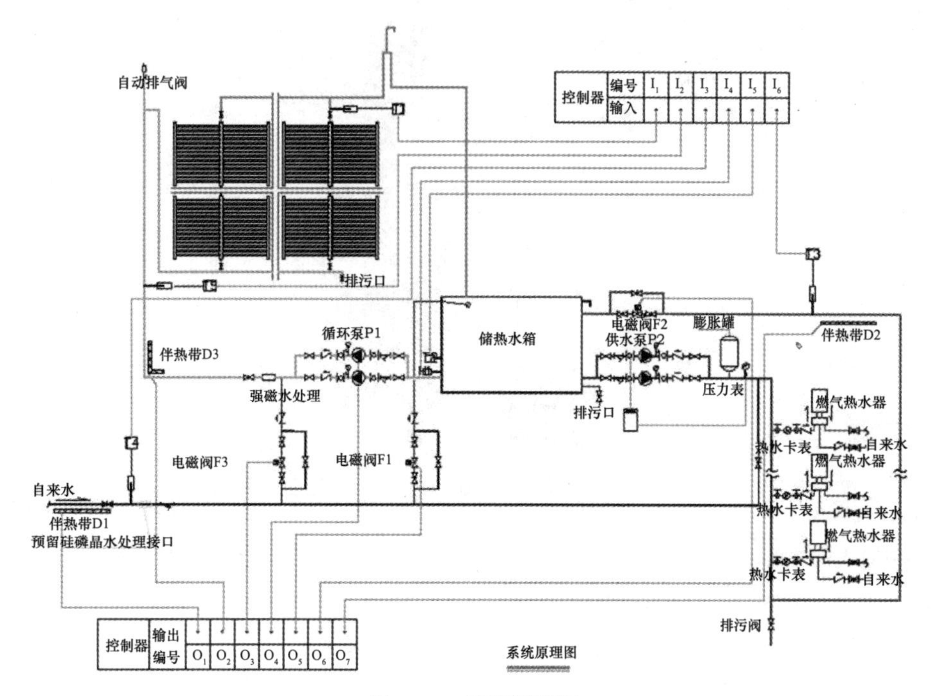

图 5-14　系统原理图

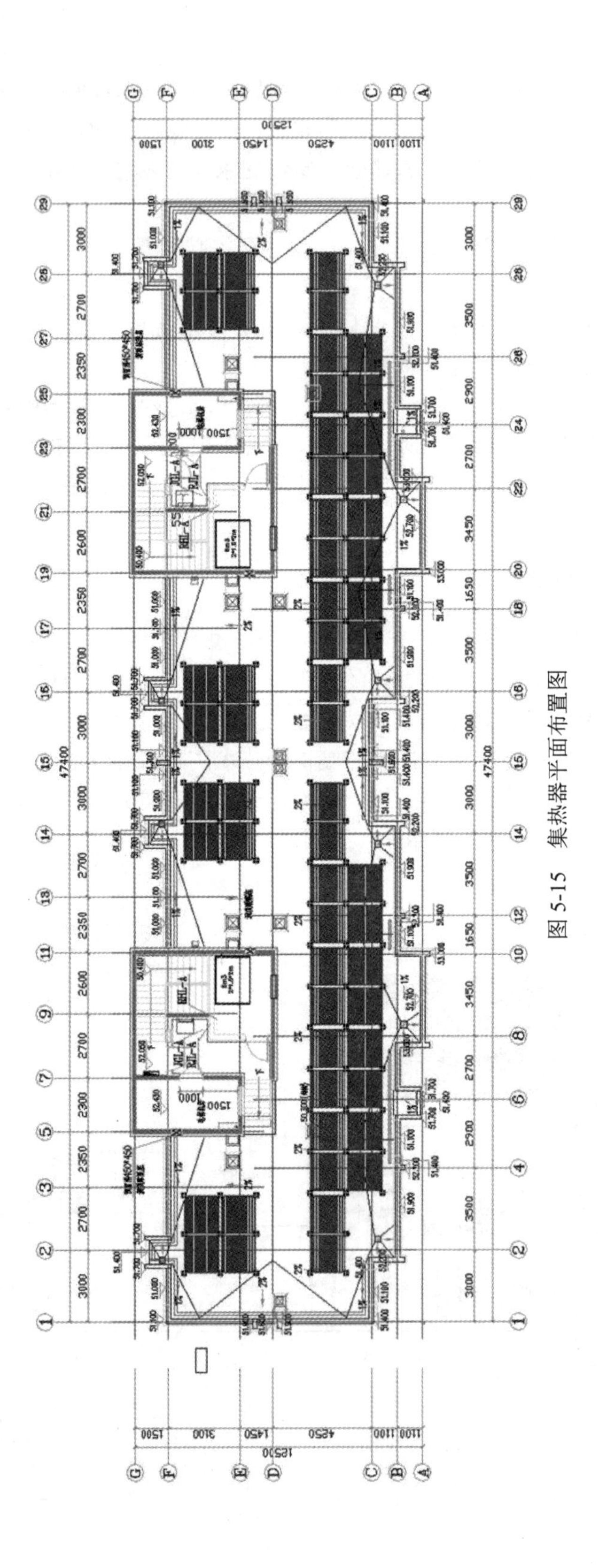

图 5-15 集热器平面布置图

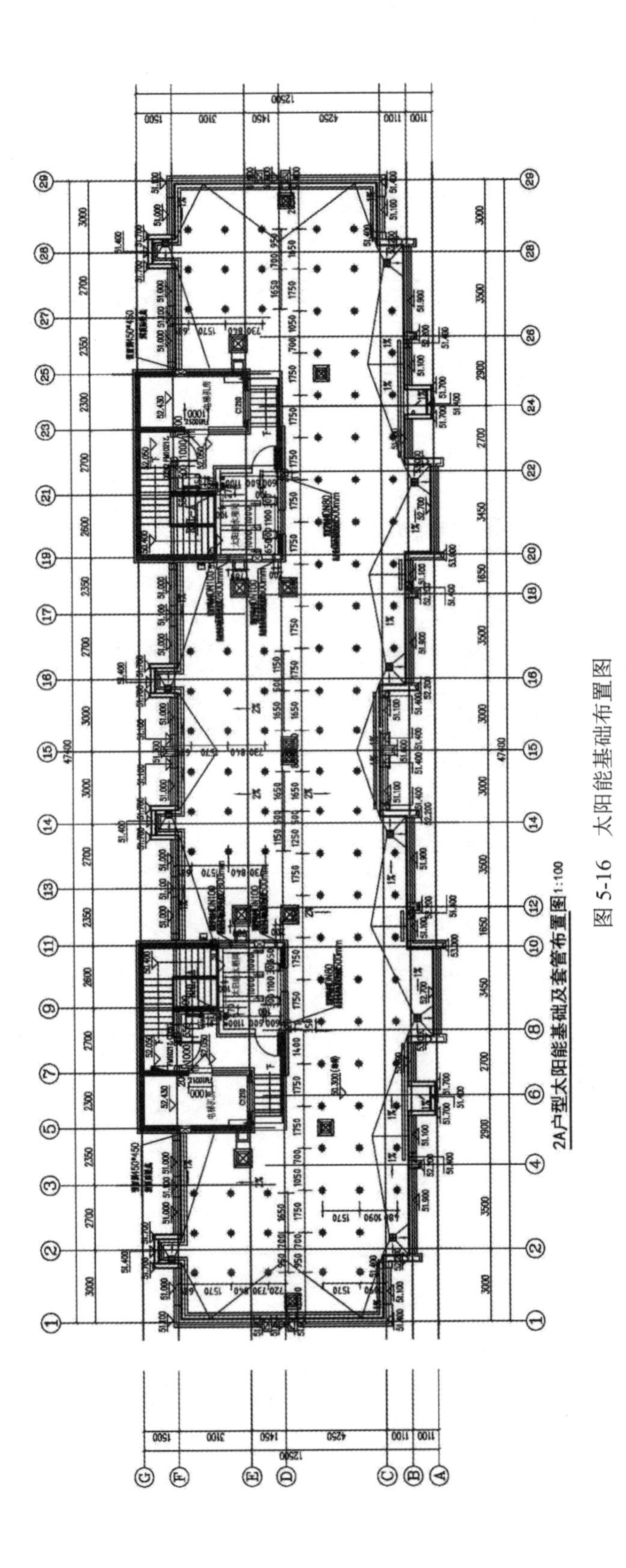

图 5-16　太阳能基础布置图

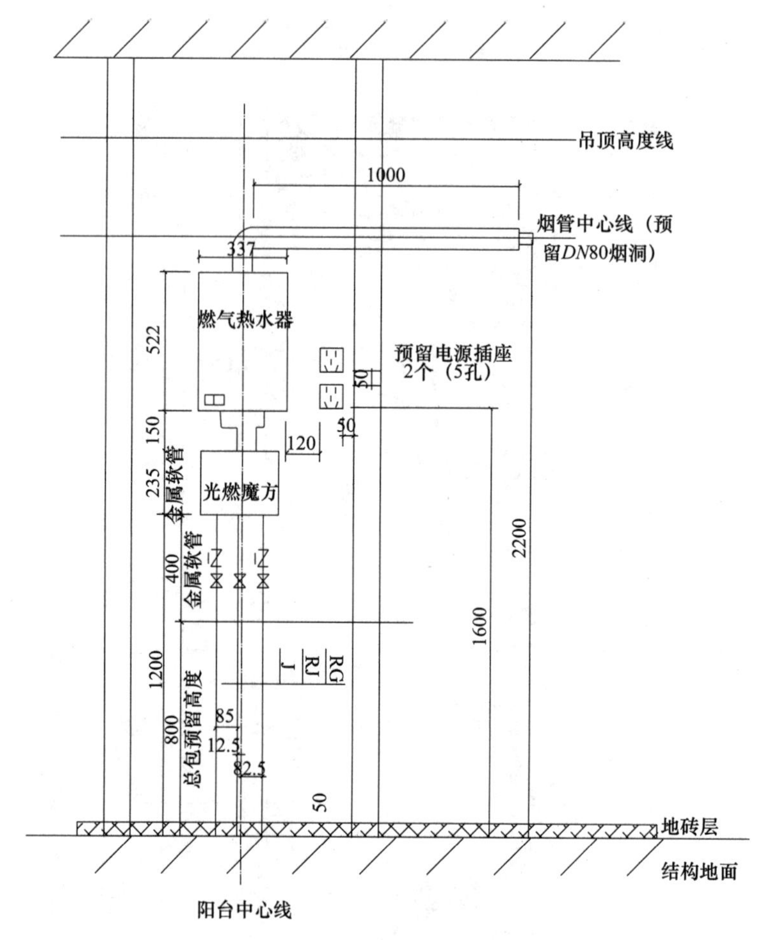

图 5-17　室内安装大样图

第 6 章

太阳能热水系统效益分析

根据国家标准《可再生能源建筑应用工程评价标准》GB/T 50801—2013 中针对太阳能热水系统的相关规定，太阳能热水系统的性能、效益评价可分为三类，即设计方案评价、工程验收性能评价和长期运行性能评价，分别在不同阶段进行。

6.1 设计方案评价

太阳能热水系统的设计评价应在系统施工图完成后进行，是对系统设计方案所能达到的预期性能评价，以及可获得的节能、环保效益的预评估。

要求太阳能热水工程完成的系统设计文件，应包括对该系统所做的节能和环保效益分析计算书。对太阳能热水系统节能、环保效益进行的计算分析，应以已完成设计施工图中所提供的相关参数作为依据。

6.1.1 系统的常规能源替代量

太阳能热水系统的年常规能源替代量应按式（6-1）计算：

$$q_{tr}=\frac{q_{nj}}{q_{ce}\eta_t} \tag{6-1}$$

式中：q_{tr}——太阳能热水系统的常规能源替代量，kgce；

q_{ce}——标准煤热值，取 29.307MJ/kgce；

η_t——以传统能源为热源时的运行效率，根据项目适用的常规能源，应按表 6-1 确定。

以传统能源为热源时的运行效率 η_t　　表 6-1

常规能源类型	热水系统
电	0.31
煤	—
天然气	0.84

注：综合考虑以煤为能源的火电系统发电效率和电热水器的加热效率。

其中：太阳能集热系统的全年得热量可按式（6-2）计算：

$$q_{nj}=A_c\cdot J_T\cdot(1-\eta_c)\cdot\eta_{cd} \tag{6-2}$$

式中：q_{nj}——太阳能集热系统的全年得热量，MJ/y；

A_c——系统的太阳能集热器总面积，m^2；

J_T——太阳能集热器采光表面上的年总太阳辐照量，MJ/（m^2 • y）；

η_{cd}——太阳能集热器的年平均集热效率，%；

η_c——管路、水泵、水箱等装置的系统热损失率，经验值宜取 0.2 ～ 0.3。

6.1.2　系统的年节能费用

太阳能热水系统的年节约费用 C_{sr} 应按式（6-3）计算：

$$C_{sr}=P\times\frac{q_{tr}\times q_{ce}}{3.6}-M_{r}\tag{6-3}$$

式中：C_{sr}——太阳能热水系统的年节约费用，元；

q_{tr}——太阳能热水系统的常规能源替代量，kgce；

q_{ce}——标准煤热值，取 29.307MJ/kgce；

P——常规能源的价格，元/kW·h，常规能源的价格 P 应根据项目立项文件所对比的常规能源类型进行比较，当无明确规定时，由测评单位和项目建设单位根据当地实际用能状况确定常规能源类型选取；

M_{r}——太阳能热利用系统每年运行维护增加的费用，元，由建设单位委托有关部门测算得出。

6.1.3　系统的静态投资回收期

太阳能热水系统的静态投资回收年限 N 应按式（6-4）计算：

$$N_{h}=\frac{C_{zr}}{C_{sr}}\tag{6-4}$$

式中：N_{h}——太阳能热水系统的静态投资回收年限，即系统的增量成本通过每年节约费用回收的时间，静态投资回收年限计算不考虑银行贷款利率、常规能源上涨率等影响因素；

C_{zr}——太阳能热水系统的增量成本，元。增量成本依据项目单位提供的项目决算书进行核算，项目决算书中应对太阳能热水系统的增量成本有明确的计算和说明；

C_{sr}——太阳能热水系统的年节约费用，元。

6.1.4　系统的费效比

太阳能热水系统的费效比 CBR_{r} 应按式（6-5）计算得出：

$$CBR_{r}=\frac{3.6\times C_{zr}}{q_{tr}\times q_{ce}\times N}\tag{6-5}$$

式中：CBR_{r}——系统费效比，元/kW·h；

C_{zr}——太阳能热水系统的增量成本，元。增量成本依据项目单位提供的项目决算书进行核算，项目决算书中应对太阳能热水系统的增量成本有明确的计算和说明；

q_{tr}——太阳能热水系统的常规能源替代量，kgce；

q_{ce}——标准煤热值，取 29.307MJ/kgce；

N——系统寿命期，根据项目立项文件等资料确定，当无明确规定，N 可取 15 年。

6.1.5 系统的二氧化碳减排量

太阳能热水系统的二氧化碳减排量 Q_{rco_2} 应按式（6-6）计算：

$$Q_{rco_2}=q_{tr}\times V_{co_2} \tag{6-6}$$

式中：Q_{rco_2}——太阳能热水系统的二氧化碳减排量，kg；

V_{co_2}——标准煤的二氧化碳排放因子，取 $V_{co_2}=2.47$kg/kgce。

6.2 工程验收性能评价

6.2.1 测试要求

工程竣工验收时的系统热工性能检验、其测试方法应符合国家标准《可再生能源建筑应用工程评价标准》GB/T 50801—2013 中对系统进行短期测试的规定，质检机构应对其出具的检测报告负责，该检测报告是工程通过竣工验收的必要条件。

太阳总辐照度采用总辐射表测量，总辐射表应符合现行国家标准《总辐射表》GB/T 19565—2017 的要求。其他仪器、仪表应满足《家用太阳热水系统热性能试验方法》GB/T 18708—2002、《太阳热水系统性能评定规范》GB/T 20095—2006 等标准要求。全部仪器、仪表必须按国家规定进行校准。

在进行工程的热工性能检测时，系统热工性能检验记录的报告内容应包括至少 4 天（该 4 天应有不同的太阳辐照条件、日太阳辐照量的分布范围见表 6-2）、由太阳能集热系统提供的日有用得热量、集热系统效率、热水系统总能耗和系统太阳能保证率的检测和计算、分析结果。

太阳能热水系统热工性能检测的日太阳辐照量分布　　表 6-2

测试天	第 1 天	第 2 天	第 3 天	第 4 天
该测试天的日太阳辐照量	$H<8$MJ/（m^2·d）	8MJ/（m^2·d）$\leqslant H<12$MJ/（m^2·d）	12MJ/（m^2·d）$\leqslant H<16$MJ/（m^2·d）	$H\geqslant 16$MJ/（m^2·d）

6.2.2 太阳能集热系统的全年得热量

太阳能集热系统的全年得热量 q_{nj} 应按式（6-7）计算：

$$q_{nj}=x_1q_{j1}+x_2q_{j2}+x_3q_{j3}+x_4q_{j4} \tag{6-7}$$

式中：q_{nj}——全年太阳能集热系统得热量，MJ；

q_{j1}、q_{j2}、q_{j3}、q_{j4}——按表 6-2 中不同太阳辐照量条件下、实测得出的单日集热系统有用得热量，MJ；

x_1、x_2、x_3、x_4——分别为一年中当地按表 6-2 中日太阳辐照量分布、所涵盖的 4 类不同日太阳辐照量的总计天数。

6.2.3　太阳能集热系统效率

集热系统效率应按式（6-8）计算：

$$\eta=\frac{x_1\eta_1+x_2\eta_2+x_3\eta_3+x_4\eta_4}{x_1+x_2+x_3+x_4} \tag{6-8}$$

式中：η——集热系统效率，%；

η_1、η_2、η_3、η_4——不同太阳辐照量下的单日集热系统效率，%，单日集热系统效率 η 用下式计算得出：

$$\eta=\frac{q_j}{A\times H}\times 100\% \tag{6-9}$$

式中：η——太阳能热水系统的集热系统效率，%；

q_j——检测得出的太阳能集热系统单日得热量，MJ；

A——集热系统的集热器总面积，m^2；

H——检测当日的太阳日总辐照量，MJ/m^2。

6.2.4　系统太阳能保证率

系统的太阳能保证率应按式（6-10）计算：

$$f=\frac{x_1f_1+x_2f_2+x_3f_3+x_4f_4}{x_1+x_2+x_3+x_4} \tag{6-10}$$

式中：f——太阳能保证率，%；

f_1、f_2、f_3、f_4——不同太阳辐照量下的单日太阳能保证率（%），利用式（6-10）计算得出；

x_1、x_2、x_3、x_4——分别为一年中当地按表6-2中日太阳辐照量分布、所涵盖的4类不同日太阳辐照量的总计天数。

系统单日的太阳能保证率应按式（6-11）计算：

$$f=\frac{q_j}{q_z}\times 100\% \tag{6-11}$$

式中：f——单日太阳能保证率，%；

q_j——检测得出的太阳能集热系统单日得热量，MJ；

q_z——检测得出的单日系统总能耗，MJ。

6.2.5　系统的节能环保效益

系统常规能源替代量、年节能费用、静态投资回收期、费效比和二氧化碳减排量等节能环保效益的分析计算，与设计方案评价时相同，仍应使用式（6-1）、式（6-3）～式（6-6）。

6.3 系统长期运行性能评价

长期运行性能评价能够更为准确地反映系统的实际效益，虽然会增加一些费用支出，但在太阳能热水系统的总投资中的占比并不高。因此，是今后系统运行性能评价的发展方向，现阶段条件适宜时，应优先采用。目前，我国已有一批实施系统长期运行性能监测评价的工程投入使用，并有成熟的关联技术。

进行太阳能热水系统的长期运行性能评价，可依据国家标准《可再生能源建筑应用工程评价标准》GB/T 50801—2013 中针对长期测试所做的相关规定，但应在条件具备时选择高标准要求，例如测试周期，宜在系统工作的整个寿命期内实施对系统运行的性能监测，而不是仅满足 120 天的最低限规定，从而获得更为全面、准确的性能和效益评价结果。

6.4 北京市新航城安置房项目分析评价

6.4.1 社会效益

本项目在服务北京发展方面作出了突出贡献，同时对其他类似太阳能热水系统应用项目起到了示范引导作用。具体包括：

（1）本项目充分利用太阳能，满足 17346 户居民生活热水需求，可提高居民生活水平，提升居民满意度，造福一方百姓。

（2）通过该项目的建设，可进一步完善新航城区域基础设施，促进新航城区域城市建设服务北京社会经济发展。

（3）作为高层住宅回迁工程的太阳能热水系统示范工程，本项目在集热、储热、供热、计量收费等方面的设计思路均进行了特殊考虑，为北京市高层建筑推广太阳能热水系统积累了宝贵经验，具有借鉴意义。

6.4.2 节能效益

北京市属于太阳能资源丰富区，水平面上年辐照量为 5570.48MJ/m^2，较为适合应用太阳能。本项目利用集中集热—集中储热—分户辅热集中式热水系统为用户提供生活热水，在提高居民生活质量的同时，大大减少了化石能源消耗，提高了可再生能源利用率。

根据前述估算方法，本项目投入使用后每年总耗热量为 116130GJ，太阳能集热系统全年有用得热量约 63235GJ，与常规生活热水方式相比，每年可节约 3082.39t 标准煤，折合单位建筑面积每年节约标准煤 2.1kg/m^2。

此外，本项目全年太阳能保证率可达到 54.5%，为达到绿色建筑二星级评价标识提供了有力支撑。

6.4.3 环保效益

根据前述估算方法，本项目通过利用可再生能源，降低常规能源的消耗，本项目实施后每年可以减少二氧化碳排放 7613.5t，减少二氧化硫排放 61.65t，减少粉尘排放 30.82t。折合单位供暖面积减少二氧化碳排放 5.08kg，减少二氧化硫排放 0.04kg，减少粉尘排放 0.02kg，环保效益可观。

6.4.4 经济性

本项目按每单元设置一套集中式的太阳能热水系统。太阳能热水系统采用全玻璃真空管式太阳能集热器，楼顶设置有太阳能设备间，在设备间安装开式储热供热水箱，采用变频增压供水的方式集中向用户端供应热水，热水管道采用主管道温控循环，太阳能循环泵、热水供水泵采用一用一备设计。用户末端配置户用强排式燃气热水器＋恒温供水控制装置，45℃恒温供水。此外，热水采用卡式计量收费装置，按阶梯式水价收费，多用多付费的原则。

采用该太阳能热水系统，户均费用较电热水器可降低 50% 以上，可有效降低居民热水费用，此外灵活的计量收费方式，可以提高收费公平性，同时鼓励用户节约用水，促进节能目标的实现。

6.5 总结与展望

根据国际能源署太阳能供热制冷委员会（IEA-SHC）的统计，中国是世界上最大的太阳能热利用市场，约占世界总份额的 60%。截至 2015 年，我国太阳能集热器保有量达到 4.42 亿 m^2，约合热装机容量 309GWth，其中的绝大部分是用于太阳能热水；但受房地产行业发展放缓的整体形势影响，近两年的增长率下滑；而且太阳能集热器的年产量也是逐年减少，2015 年的产量约为 4350 万 m^2，需要全行业采取措施、积极应对。

太阳能热水系统做为目前最主要的太阳能热利用方式，特别是在各地发布实施各类太阳能热水系统的强制安装政策后，其工程应用在我国得到了蓬勃发展。通过对以上太阳能热水系统工程实例的分析可以看出：我国大部分地区，包括严寒、寒冷、夏热冬冷、夏热冬暖等气候区，都有实际应用效果很好的太阳能热水系统。同时，太阳能热水系统对各类有生活热水需求的居住和公共建筑等均有很强的适用性。因此，实践证明，无论从地域分布，还是从建筑类型来看，太阳能热水都是一项应用十分广泛的成熟技术。

随着建筑行业的发展，太阳能热利用行业也有了较大的发展，2000 年以来，国家及各级政府鼓励和支持在建筑中应用太阳能热水系统，在住宅建筑中高层建筑越来越多，对于太阳能应用提出了新的要求。对于高层住宅建筑，目前常见的系统除集中集热—集中供热的太阳能热水系统外，还包括集中集热—分散供热系统和分散式供热的家用太阳能热水系统。

本次以北京市新航城安置房项目太阳能热水系统的设计为例，对高层住宅太阳能热水系统设计要点进行了说明。该项目按每单元设置一套集中式的太阳能热水系统。太阳能热水系统采用全玻璃真空管式太阳能集热器，楼顶设置有太阳能设备间，在设备间安装开式储热供热水箱，采用变频增压供水的方式集中向用户端供应热水，热水管道采用主管道温控循环，太阳能循环泵、热水供水泵采用一用一备设计。用户末端配置户用强排式燃气热水器＋恒温供水控制装置，45℃恒温供水，满足 17346 户居民生活热水需求。此外，热水采用卡式计量收费装置，按阶梯式水价收费，多用多付费的原则。

根据估算，本项目全年太阳能保证率可达到 54.5%，为达到绿色建筑二星级评价标识提供了有力支撑。与常规加热生活热水方式相比，每年可节约 3082.39t 标准煤，折合单位建筑面积每年节约标准煤 2.1kg/m^2，每年可以减少二氧化碳排放 7613.5t，减少二氧化硫排放 61.65t，减少粉尘排放 30.82t。折合单位供暖面积减少二氧化碳排放 5.08kg，减少二氧化硫排放 0.04kg，减少粉尘排放 0.02kg，节能环保效益明显。

采用该太阳能热水系统，户均费用较电热水器可降低 50% 以上，可有效降低居民热水费用，此外灵活的计量收费方式，可以提高收费公平性，同时鼓励用户节约用水，促进节能目标的实现。

作为高层住宅回迁工程的太阳能热水系统示范工程，本项目在集热、储热、供热、辅热、计量收费等方面的设计思路均进行了特殊考虑，为北京市高层建筑推广太阳能热水系统积累了宝贵经验，具有借鉴意义。

总结新航城回迁安置工程中，太阳能热水系统在建筑应用过程中的成功经验和显现的问题，未来还需要在以下方面加强：

（1）以保证实际使用效果为出发点，在现有设计的基础上，完善太阳能热水系统施工、验收和维护运行的全过程质量控制。

好的设计还需要好的施工工程管理与运营维护。为保证设计效果的实现，在后续施工、验收和维护运行的过程中，还需依据现行规范标准，强化和完善对太阳能热水系统全过程质量控制，保证设计目的得以实现。

（2）进一步完善和推广热计量技术，提高系统运行管理水平。

对于集中集热的太阳能热水系统来说，解决计量收费是提高系统运行管理的必要手段之一。本项目在设计阶段即将热计量的方式方法以及系统共用部分能耗的合理划分考虑在内，由用户根据用热量承担运行阶段的使用成本，在后续运行过程中，还需要物业管理公司提高系统运行管理水平，提升用户使用太阳能热水系统的积极性。

（3）完善太阳能生活热水水质指标

太阳能开式系统应用广泛，但缺少针对该系统的专门水质要求的相关标准，导致太阳能运维过程缺少相应依据，需要进一步完善。本工程采用了水质指标，将来国家标准完善后本工程还需相应改进完善。

第7章
回顾与总结

7.1 工作背景

北京新机场回迁安置房太阳能应用项目自2013年成立项目组至今，从理论调研、项目调研、初步方案、专家论证、实验研究、方案改进、再次专家论证、实验性应用、推广应用的全过程，实践了“创新、协调、绿色、开放、共享”五大发展理论，实现了对传统技术、管理模式的变革，回归了太阳能在建筑上的应用本质，从“太阳能与建筑一体化”转移到“回迁安置业主获得环保、便捷、舒适的生活热水”这一重大使命。

太阳能在高层建筑上应用，它不仅仅是一种新的技术观，更是一种文化观、价值观;同时，这也是一项系统工程，需要在技术、政策、市场以及社会等方面全方位思考、齐头并进，而这又从根本上有赖于全社会的共识和正确的方法。从这个意义上说，任何企业、机构的一己之力都是非常有限的，而在新机场回迁安置房项目建设中，新航城项目的主要领导给予了非常大的支持和引导，太阳能行业、企业相关专家、领导和技术骨干，也倾注全力为项目组做了非常好的榜样，他们的目光早已超越了自身需求。

随着项目的深入，项目组深感“需要探索出一种符合安置房建设在高层住宅建筑上太阳能应用的模式了”。新机场安置房项目有着非常强的示范意义，并非由“高、精、尖、昂贵的技术设备堆砌，而是选择适合回迁安置老百姓生活习惯的热水系统、利用适应当地气候特征的技术和材料，同时造价也不高，这将对高层住宅建筑太阳能应用具有指导意义”。这也是新航城控股公司、天普新能源公司等高层的共识，提供更加优化可靠的建筑产品及管理、运营服务是全体新航城回迁房太阳能项目人的奋斗目标。

项目组人员把这里当做最大的实验平台，各种技术的、管理的理论及实践在不经意的角落欣然绽放，结成硕果：太阳能热水“靠天吃饭”怎么才能保证安置老百姓每天获得环保便捷的生活热水，经过专家论证会的多位专家论证，最终决定采用太阳能集中集热＋燃气热水器辅助的系统；太阳能与燃气热水器的互补，如何才能实现最大化太阳能的利用减少常规燃气的消耗，怎么样才能避免老百姓洗浴时温度忽冷忽热？带着这一系列的问题，项目组人员不断进行市场调查、技术探讨、实地考察研究，最先采用了引进国际技术的混水装置，在天普公司搭建综合模拟实验室，进行千百次的对比试验和性能试验，取得了国家级实用创新专利及国家级发明专利各一项；另外，北京南部地区的水质比较硬，为了保证生活热水品质而研究水质软化与处理的最佳措施……所有这些，于新航城项目组人来说都有着非凡的意义。依托新机场安置房太阳能系统进行的课题讨论、专利的申请、论文、专著等成果也在不断生成。其使用的理念和方法，经过不断调整、优化，将成为同类项目应用的核心技术储备。

7.2 历程回顾

历程一：太阳能在建筑上应用考察

太阳能系统的应用经历了多次有计划的实地调研过程，调研单位包含了设备制造企业、科研单位、设计院、物业。实地考察了北京及周边十余个太阳能住宅项目。远赴韩国对系统中的关键部件进行实地调研。通过上述应用调研、考察，对技术的趋势和不同项目的应用方案进行深入解读，对太阳能热水技术发展更新和针对北京新机场安置房项目的应用系统模式进行针对性的研究，为最终方案的技术创新与应用提供了富有价值的思考和研发方向。

历程二：专家论证会——系统选择

2014年7月15日上午，为明确安置房太阳能热水系统方案模式、研究内容和工作模式，航城公司专门邀请了太阳能方面的研究机构、标准制定机构等方面的专家十余人。航城公司的相关领导、部门加了本次论证会。

与会专家通过讨论肯定了前期调研的成果，建议采用“集中集热—分散辅热”的系统方式，与会专家还就换热器的选择、辅热方式等方面提出了建议。为后面的工作确定了方向，取得了阶段性的成果。

历程三：搭建实验平台

专家会后，针对各子系统采用实验方式进行验证。新航城公司及合作单位在航城公司办公楼、天普实验室、海林实验室、韩国庆东实验室等地点搭建实验平台，对换热器类型、控制系统、辅热方式、除垢方式、热水最优化利用等方面进行试验论证。实验过程凝聚了参与人员的科学、严谨的工作作风及辛勤付出。参与单位协同合作、目标一致，为最终方案的确定打下了坚实的基础。

历程四：发明创造

新机场回迁安置房太阳能系统在设计规划之初，新航城公司、天普新能源公司等领导就非常重视自主知识产权问题，设计创意，鼓励发明创造。很多思路新颖的技术议案纷纷出炉，如“光燃结合系统”“恒温装置”“系统潜热的利用”“系统进水方式及其系统保护”“水处理”等，前后不下十几项研究课题。并获得了一项发明专利和一项实用新型专利：发明专利《一种恒温出水的光燃系统》（专利号CN105485933A）；实用新型专利《一种温控组合阀装置》（专利号ZL 2016 2 0054356.8）；正是因为有了这些集体智慧使整个项目设计充满了技术创新，方案得以在很多方面超越传统。

历程五：设计—验证—再设计

设计方案最终尘埃落定，但有些方面与现场协调仍缺乏点什么，比如太阳能集热器支架倾角导致整体高度过高对社区观感产生一定影响，项目组敢于否定，对整个系统的集热器布置进行多次现场验证的再设计，使建筑功能与形式更加有机统一，合理有效地利用楼顶面积，同时增加了过度空间和消防通道。

历程六：国际协作

新机场回迁安置房项目太阳能应用的设计过程中参照了当时欧洲太阳能应用技术、绿色建筑设计标准《绿色建筑评定标准》、北京奥运的《绿色奥运设计指南》、美国LEED评估体系，学习借鉴国际上绿色建筑以及太阳能应用的理解和规定。

当时，天普新能源公司与韩国庆东公司是战略伙伴，因此项目组代表有幸得到庆东公司韩国总部为系统把脉，并亲赴韩国进行“光燃结合系统”的技术验证。

历程七：项目实施

本项目历经 3 年多时间，在新航城公司领导的大力支持下，经过项目组人员的辛勤努力，在各方参与单位的紧密配合下，新航城回迁房太阳能热水应用项目最终设计方案及施工图纸得以定型，重要即将进入现场配合准备阶段。项目主要领导对此项工作还是提成严格的要求，并在新航城回迁房指挥部员工宿舍楼现场进行了项目的实际安装试用，完全模拟未来项目实施的所有技术要求和措施，采用集中式太阳能储热＋分户燃气热水器辅助供热水模式，并进行各项指标的检测跟踪分析对比，系统中加装了集热器热量表、热水计量表、电表、燃气计量表等各种计量仪器并传输到监控平台，对系统的各测温点进行温度检测，水箱液位传感检测等。项目安装完成后，经过监控平台的数据分析对比，试验项目使用效果达到了预期的设计要求。

模拟试用完成后，紧接着，又按新航城主要领导的要求，在项目样板间现场将系统涉及的室内部分：燃气热水器、排烟管、冷热水管道、计量热水表、温控装置、各类阀门等按实际设计进行了样板间建设，并通过了新航城公司领导的现场验收，还得到了其他参观来访各级领导的好评。

7.3 工作总结

新航城回迁房太阳能热水应用系统项目组自立项以来，经过将近 4 年的不断努力工作，完成了项目立项内容和目标，实现了太阳能在高层建筑上的集中应用的有一典型工程，终将让安置百姓用上太阳能生活热水，体验到和谐、健康、低碳的绿色生活。

新机场安置房使用太阳热水系统引领了可再生能源在建筑中应用的新潮流，是我们对舒适、健康、环保节能和美观实用等生态住宅理论一个方面的生动实践，有利于促进社会经济可持续发展，扎实践行绿色环保的发展理论。

项目组在执行过程中，也遇到了不少的困难，比如，在国内缺乏该设计模式系统的实际样板工程和参考经验，项目中存在不确定因素较多；项目开始初期，燃气热水器缺少与太阳能系统合理的功能匹配和智能控制；在有限的资金条件下，试验条件差，缺少专用的试验装置；跨行业多，涉及专业广，技术复杂程度高，要求严，也给项目组人员带来较大的压力。

项目中也存在一些不足之处，整个热水供应系统总造价相对一般系统或简单独立热水产品来说相对较高，系统的远程监控平台初步建设，数据传输的稳定性有待验证。太阳能系统设计的防高温、防抗炸管功能是否能达到预期目的，做到有效降低系统的故障率。楼顶的太阳能设备间因建筑设计条件等因素限制，设备间过于狭小，给设备安装带来一定的难度，同时要求安装的精度和规范性也较高。采用分温度控制计量热水仪表是否稳定可靠，计量精度误差是否在正常范围；未来热水收费定价的高低将决定用户的使用积极性，如何让老百姓承受得起热水的价格，又能做到节约资源和能源，要保证使系统稳定可靠长久的运行，又要合理进行费用收支控制，也将在未来考验着后期运维管理人员的水平。

7.4 后续计划

项目过程中我们不断进行方法创新，包括具体的设计思路、材料选取及整合方法，以及设计流程的管理模式和运行维护在寿命周期内的反馈等信息技术手段。

新机场安置房项目太阳能系统设计时计划采用智慧低碳能源管理平台，是基于自动化控制系统基础上加一套计算机智能化的管理软件平台。该系统通过对太阳能系统的各类能耗参数的收集、分析，运用科学算法发出合理的操控指令，通过控制系统实现其动作。以减少人员管理成本，提高服务效率，有效降低运行成本，实现科学化管理。

数据内容主要包括：建筑物环境参数、设备运行状态参数、各设备能耗数据等。获取的参数越多、运行的周期越长，越容易得到准确的结论。通过对太阳能系统的能耗数据统计、分析，太阳能产热量统计，确定能耗状况和设备能耗效率，从而提供能源管理优化措施。

本书的编写侧重于项目的前期阶段和设计过程，对项目的施工落实程度，现场施工管理，以及后期的运行维护、数据跟踪分析、系统优化等工作还没有涉及，项目完工后的大面积应用过程中有没有达到预期设想，还有没有其他问题出现等，编写组计划在本书完成后，持续对项目进行跟踪，就项目的中后期实施情况在下一阶段再向大家汇报。

附录

附录 A　太阳能热水系统相关标准

GB 50364—2005《民用建筑太阳能热水系统应用技术规范》

GB 50015—2003《建筑给水排水设计规范》

GB 50242—2002《建筑给水排水及采暖工程施工质量验收规范》

GB 50300—2013《建筑工程施工质量验收统一标准》

GB 50096—2011《住宅设计规范》

GB 50057—2010《建筑物防雷设计规范》

GB 50207—2012《屋面工程质量验收规范》

GB 50275—2010《风机、压缩机、泵安装工程施工及验收规范》

GB 50185—2010《工业设备及管道绝热工程质量验收评定标准》

GB 50303—2015《建筑电气工程施工质量验收规范》

GB 50169—2016《电气装置安装工程　接地装置施工及验收规范》

GB 50254—2014《电气装置安装工程　低压电器施工及验收规范》

GB 50339—2013《智能建筑工程质量验收规范》

GB 50205—2001《钢结构工程施工质量验收规范》

GB/T 700—2006《碳素结构钢》

GB 50171—2012《电气装置安装工程　盘、柜及二次回路结线施工及验收规范》

GB 50268—2008《给水排水管道工程施工及验收规范》

GB 4706.1—2005《家用和类似用途电器的安全——第一部分：通用要求》（idt IEC 335-1）

GB 4706.12—2006《家用和类似用途电器的安全　贮水式电热水器的特殊要求》（idt IEC 335-2-21）

GB 14536.1—2008《家用和类似用途电自动控制器　第 1 部分：通用要求》（idt IEC 730-1）

GB 8877—2008《家用和类似用途电器的安装、使用、检修安全要求》

GB / T 12936—2007《太阳能热利用术语》

GB / T 4271—2007《太阳能集热器热性能试验方法》

GB / T 6424—2007《平板型太阳能集热器》

GB / T 17049—2005《全玻璃真空太阳集热管》

GB / T 17581—2007《真空管型太阳能集热器》

GB / T 18708—2002《家用太阳热水系统热性能试验方法》

GB / T 18713—2002《太阳热水系统设计、安装及工程验收技术规范》

GB / T 19141—2011《家用太阳热水系统技术条件》

GB / T 20095—2006《太阳热水系统性能评定规范》

GB / T 50801—2013《可再生能源建筑应用工程评价标准》

国际标准 ISO 22975，*Solar Energy - Collector components and materials - Part 1 : Evacuated tube durability and performance*（太阳能 - 集热器部件和材料 - 第 1 部分：真空管的耐久性和热性能 ）

DB11/ 891—2012《居住建筑节能设计标准》

GB 6932—2015《家用燃气快速热水器》

GB 20665—2015《家用燃气快速热水器和燃气采暖热水炉能效限定值及能效等级》

CJJ12—2013《家用燃气燃烧器具安装及验收规程》

附录 B　北京市新航城安置房项目
太阳能热水系统技术要求

1　总体技术要求

1）总体要求

（1）太阳能应符合中华人民共和国国家相关标准和规范，其技术、质量标准必须满足有关管理部门的验收标准。

（2）太阳能热水系统要满足用户生活热水使用要求，符合北京市居住建筑节能设计的地方标准和规范。

（3）太阳能系统及所属设备、材料等，附带安装、调试及维保。

（4）防雷要求：设计及施工要求必须符合《建筑物防雷设计规范》GB 50057—2010，屋顶应有完善的防雷设施与楼座防雷系统连接，避免雷击危害。

（5）防风要求：屋顶设施需在 10 级以上大风中不会产生开裂、移动、断裂、倒塌等设备及管线损坏。

（6）安装太阳能热水系统的建筑单体或建筑群体，主要朝向宜为南向；建筑体形和空间组合应与太阳能热水系统紧密结合，并为接收较多的太阳能创造条件。

（7）建筑物周围的环境景观与绿化种植，应避免对投射到太阳能集热器上的阳光造成遮挡。

2）规范及标准要求

《太阳能热利用术语》GB/T 12936—2007

《建筑给水排水设计规范》GB 50015—2003

《全玻璃真空太阳集热器》GB/T 17049—2005

《真空管太阳集热器》GB/T 17581—2007

《家用太阳热水系统热性能试验方法》GB/T 18708—2002
《家用和类似用途电器的安装、使用、检修安全要求》GB 8877—2008
《民用建筑太阳能热水系统应用技术规范》GB 50364—2005
《太阳热水系统设计、安装及工程验收技术规范》GB/T 18713—2002
《工业建筑供暖通风与空气调节设计规范》GB 50019—2015
《低压配电设计规范》GB 50054—2011
《钢结构工程施工及验收规范》GB 50205—2001
《屋面工程技术规范》GB 50207—2012
《建筑给排水及采暖工程施工质量验收规范》GB 50242—2002
《建筑物防雷设计规范》GB 50057—2010
《民用建筑太阳能热水系统评价标准》GB/T 50604—2010

2 部件与材料

1）集热器

太阳能集热器采用全玻璃真空管集热器，按照《全玻璃真空太阳集热管》GB/T 17049—2005、《真空管型太阳能集热器》GB/T 17581—2007 国家标准，具有行业及市场通用性。

技术要求：

集热器型号：QB471660，横插式，集热器真空管采用热膨胀系数 3.3 高硼硅玻璃真空管；联箱内胆采用 SUB304 不锈钢板制作，厚度≥ 0.4mm，35mm 厚聚氨酯发泡保温，外壳采用彩涂板，厚度≥ 0.4mm。寿命达 15 年以上。

全玻璃真空集热管性能指标

序号	项目	技术标准
1	材质	热膨胀系数 3.3 高硼硅玻璃
2	镀膜技术	磁控溅射干涉膜工艺
3	太阳透射比	0.92（AM1.5）
4	太阳吸收比	0.92（AM1.5）
5	结石、节瘤	无结石、节瘤
6	半球发射比	0.051（80℃）
7	空晒性能	太阳辐照度 G ≥ 800W/m^2，环境温度 8℃≤ t_α ≤ 30℃，全玻璃真空太阳集热管以空气为传热工质，空晒温度 t_s，空晒性能参数 Y ≥ 240m²℃ /kW

续表

序号	项目	技术标准
8	闷晒太阳辐照量	罩玻璃管外径为47mm，太阳辐照度G ≥ 800W/m²，环境温度8℃ ≤ t_a ≤ 30℃，全玻璃真空太阳集热管以水为传热工质，初始温度不低于环境温度，闷晒至水温升高35℃所需的太阳辐照量H ≤ 3.2MJ/m²
9	平均热损系数	全玻璃真空太阳集热管的平均热损系数ULT ≤ 0.50W/（m²·℃）
10	真空性能	真空夹层内的气体压强≤ 5×10⁻³Pa
11	真空品质	吸气剂镜面轴向长度消失率不大于11%
12	罩玻璃管	罩玻璃管表面轻微划伤累积长度不大于管长的1/3
13	吸收涂层颜色变浅区长度	距离全玻璃真空太阳集热管开口端的选择性吸收涂层颜色明显变浅区不大于16mm
14	集热管长度偏差	长度偏差不大于长度标称的 ±0.3%
15	弯曲度	弯曲度为≤ 0.2%
16	径向最大最小尺寸比值	最大、最小径向比≤ 1.02
17	排气管封离长度	排气管封离长度≤ 6mm
18	耐热冲击	无损坏
19	抗冰雹能力	冰雹直径≤ 25mm，冲击不破损
20	耐压	0.6MPa
21	寿命	≥ 15年

2）水箱

（1）储热水箱

储热保温水箱采用内外不锈钢材质，内胆采用食品级不锈钢板SUS304 2B，内胆厚度：底板≥ 2.0mm，侧板≥ 1.5mm，顶板≥ 1.2mm；符合现行国家标准《生活饮用水输配水设备及防护材料的安全性评价标准》GB/T 17219—1998其他相关规范要求；水箱外壳采用≥ 0.5mm不锈钢板制作；保温采用≥ 50mm厚聚氨酯整体发泡，结构密度达到35 ～ 45kg/m³，闭孔率≥ 95%，－45℃不收缩变形。

焊接方式采用氩弧焊焊接。

（2）补水箱

采用容积为100L的圆水箱，内胆采用食品级不锈钢板SUS304 2B，厚0.4mm，外壳采用彩涂板，厚0.4mm，保温采用55mm厚聚氨酯整体发泡，结构密度达到35～45kg/m^3，闭孔率≥95%，－45℃不收缩变形。水箱内加装防冻电加热器（功率小于1.5kW/220V），控制采用TP-4G（A8）智能全自动控制器。

3）水泵

（1）流量、扬程必须满足设计图纸要求。

（2）水泵推荐品牌：格兰富、威乐等知名品牌。投标所选用的全部水泵应为同一品牌。运行稳定，低噪声，低故障率，泵组为一用一备。

（3）水泵运行噪声要满足国家要求。

（4）投标人应提供详细的水泵工作曲线图，还要提供详尽的水泵技术参数表和部件配置表（品牌、材质）。

流量（m^3/h）	扬程（m）	功率（kW）	电压（V）
5	13	0.46	380/220
16	26	2.2	380/220

（5）变频供水设备

① 变频供水设备（以下简称整机）包括气压罐、水泵（含电机）、变频控制柜（含变频器、可编程控制器及其他元器件）、压力传感器等部分组成。整机应高效节能、运行安全可靠、管理方便、供水压力稳定、流量连续可调。整机性能参数符合设计要求。整机配套使用的部件、材料均应选用国家标准（行业标准）的产品。

② 水泵采应为低速电机。除易损件可在正常使用寿命期间更换外，整机使用寿命不低于12年。

③ 控制柜中所用的导线的颜色应符合《电线电缆识别标志方法》GB/T 6995—2008的规定，指示灯和按钮的颜色应符合《人机界面标志标识的基本和安全规则》GB/T 4025—2010的规定。控制柜应保证水泵可根据水泵工作次数、工作时间依次自动轮换运行，先启先停。当水泵出现过热、过载、过流、短路、缺相、过压等情况时，控制柜应有保护措施。控制柜应能防尘、防潮。控制柜材质为冷轧钢板，钢板表面除锈处理后采用静电喷涂。控制柜应有电源指示灯及开关、每台水泵工况（启、停、故障）指示灯及开关、水位指示灯、手/自动状态指示灯及切换开关，且有功能标志。

变频控制柜变频器和可编程控制器采用德国西门子、日本三菱、ABB等同类国际品牌产品，同时配以进口低压电器。

主要开关、交流接触器、热继电器选用ABB或施奈德等国际产品，其他可选用德力西、正泰等国产优质产品。

④ 气压罐应为气囊式，隔膜的材质应卫生、无毒，能用于生活饮用水系统。

气压罐的顶部应有显示罐内气压压力的显示仪表。

强磁除垢器采用进口强磁材料，先进的磁路设计，高性能的磁性材料，多级磁处理方式。除垢、防垢率可达98%以上，腐蚀速率降低50%。符合《中华人民共和国城镇建设部行业标准》CJ/T 3066—1997的要求。

技术参数：

规格型号：JSY-32；

外型尺寸：76mm×550mm；

流速：1.5～2m/s；

流量：2.9～4.5m^3/h；

局部压力损失：0.0205m；

介质工作温度：0～110℃。

4）控制系统

热水系统控制器触摸屏操作，性能稳定，在－25～55℃工作环境温度下可正常工作，防护等级不低于IP54，使用寿命≥10年。

控制系统功能：

（1）实现系统全自动控制，无需专人管理，保证控制系统稳定、可靠、控制灵敏、抗干扰能力强，电气元件均选用知名品牌；

（2）控制程序将温度、时间、流量等参数融合，充分、优先利用太阳能，将太阳能与辅助加热完美结合，最大限度的减少辅助加热燃料的消耗；

（3）控制程序可任意更改升级，当用户用水条件发生变化时，只需更改控制程序即可，简单方便，使系统始终贴切用户需求；

（4）系统具有防冻功能；

（5）设有应急手动措施，保证系统在应急状态下能正常运行；

（6）具有密码保护功能，防止误操作；

（7）控制柜应预留BAS监控点（485或以太网接口），能反馈设备运行状态和故障报警等，可实现远程监控功能。

5）管材及保温

太阳能循环管道材质采用国标热镀锌钢管（或不锈钢管），镀锌管道产品推荐选用：天津利达等知名品牌。不锈钢管道品牌推荐选用：福兰特/三庆等知名品牌。

管径$DN \leq$ 50mm的采用螺纹连接，管径$DN >$ 50mm的采用法兰连接；燃气热水器进出水口接驳长度不小于40mm金属软管，管材公称压力应满足≤0.6MPa要求。

管道保温材料为30mm厚B1级难燃橡塑棉保温，橡塑保温管材料为闭孔弹性材料，具有柔软、耐屈绕、耐寒、耐热、阻燃、防水、减震、吸声等优良性能。导热系数≤0.034W/（m·K）。

室外管道保温外防护为≥0.4mm镀锌钢板防腐保护层。

热水水表的选型、计算及设置应符合国家现行规范《建筑给水排水设计规范》GB 50015—2003第3.4.17条～第3.4.19条的规定。

6）光燃结合装置（或光燃魔方）

（1）投标方应按每台 / 套设备给买方提供一套完整的资料并随货物包装发运，其中包括设备安装前对安装环境的要求、操作手册、应用指南和服务。安装说明及示意图，产品合格证、使用说明书、装箱单、进口设备或者进口部件的原产地证明书、商检证明书等。

（2）投标方提供的所有货物在设计、制造、产品性能、材料的选择和材料的检验及产品的测试等方面均需符合最新发布的国家标准和技术规范。投标人在投标书中应对货物的质量保证体系和使用的标准做出说明。

（3）投标设备须可靠、稳定，符合设计要求和使用规范，并具备独立第三方（或其他资格认证检测单位）出具的产品测试性能报告。

（4）技术参数要求：

额定电压和频率：AC110-230V，50/60Hz

可变电压和频率范围：15% ～＋ 15% 的额定电压和频率

环境温度范围：0 ～ 50℃，仅限室内使用

存放温度范围：－10 ～ 60℃

综合额定电流：10A 以下

出口设定点温度范围：35 ～ 45℃（2℃调节），45 ～ 60℃（5℃调节）

出口设定点温度控制精度：±1℃

最小水流量：＞ 2.0L/min

最大水流量：≤ 12.0L/min

使用温度范围：≤ 90℃

安装操作：水平

外观尺寸：300（宽）mm×274（高）mm×115（厚）mm

接口口径：*DN*15

密封连接方式：螺纹连接

7）燃气热水器

（1）燃气热水器应为国内知名品牌或国际品牌，产品并具备国家燃气具产品质检控检验中心的质检报告，使用寿命与太阳能系统相匹配。

（2）燃气热水器应为鼓风式强排烟技术，控制系统具备智能恒温功能，水箱采用高效无氧铜 800℃高温焊接，无极变频燃烧控制技术，并能耐受 80℃及以下高温热水；数码温度显示，轻触式电子按键；单片机自动记忆上次使用温度。

（3）所投产品必须有节能认证及节能报告。

（4）其他技术参数：

外形参考尺寸：高 590mm× 宽 375mm× 厚 143mm

额定热负荷：20kW

额定热水产率：10L/min

适用水压：0.02 ～ 1.0MPa

点火方式：水控全自动

能效等级：2 级以上

8）卡表

表体的流量管上安装温度传感器，当温度传感器采集到的水温≥ 40℃时，计量热量值≤ 40℃时，计量冷水量值。

公称直径规定量（mm）		*DN*15
量程比（q3/q1）		R80
q2/q1		1.6
q4/q3		1.25
常用流量 q3（L/h）		2500
始动流量（L/h）		1.5
水量最大读数（m^3）		99999.999
准确度等级		2 级
压力损失		＜ 40kPa（在常用流量下）
耐压		≤ 1.6MPa
工作水温		T70
防护等级		IP65（IP68 等级需定制）
电磁兼容等级		E1
气候和机械环境条件类型		B 类
电池工作时间		＞ 6 年（锂电池）
显示	显示内容	热量累计水量（m^3）、冷量累计水量（m^3）、累计水量（m^3）、流量（m^3/h）、水温（℃）、累计工作时间（h）
	显示分辨力	热量累计水量、冷量累计水量、累计水量 0.001m^3、瞬时流量 0.001m^3/h、水温 0.01℃
	显示范围	累计用量：0m^3 ～ 99999.999m^3
安装方式		水平安装或竖直安装
通信接口		RS485/M-BUS
IC 卡类型		T5577 卡

9）阀门

公称直径≤ *DN*50 的，材质为铜，丝扣连接。*DN*50 ＜公称直径≤ *DN*100 的，材质为铜或不锈钢，法兰连接连接。公称直径＞ *DN*100 的采用蝶阀。

技术参数:

公称压力: 1.6MPa

工作介质: 水、非腐蚀性液体、饱和蒸汽(≤ 0.6MPa)

工作温度: −20℃≤ t ≤ 150℃

10)集热器支架

集热器支架采用国标 5 号角钢(斜拉撑可采用 5 号角钢),符合《碳素结构钢》GB/T 700—2006、《气瓶颜色标志》GB/T 7144—2016 规定要求,其焊接应符合《钢结构工程施工质量验收规范》GB 50205—2001 规定要求且应做防腐处理。其强度和刚度性能,必须满足《家用太阳热水系统技术条件》GB/T 19141—2011 规定要求。

11)安装加固

支架与屋面预埋件应固定牢固,应有可靠的防松、防脱、防滑等措施,以提高抗风能力,应符合《屋面工程质量验收规范》GB 50207—2012 的规定要求。

附录 C　北京市“十三五”时期能源发展规划

目录

前言

能源是经济社会发展的重要物质基础和动力。建设绿色低碳、安全高效、城乡一体的现代能源体系是优化提升首都核心功能、提高人民生活水平的必然要求。“十三五”时期是全面建成小康社会的决胜阶段，是全面落实首都城市战略定位、深入实施京津冀协同发展战略、加快建设国际一流和谐宜居之都的关键时期，也是加快构建首都现代能源体系的重要时期。

本规划是依据《北京市国民经济和社会发展第十三个五年规划纲要》编制的市级重点专项规划，提出了“十三五”时期能源发展的指导思想、发展目标、重点任务、重大项目和重大举措，是指导本市能源发展的总体蓝图和行动纲领，也是编制电力、燃气、供热、油品、可再生能源等领域专项规划和年度计划，制定相关政策措施，实施能源行业管理的重要依据。

第一章　能源发展步入新阶段

一、站在转型发展的新起点

“十二五”时期，本市能源领域攻坚克难、多措并举，大力推进燃煤压减和清洁能源设施建设，加快调整能源结构，大幅提升设施保障能力，节能降耗成效显著，能源运行安全平稳，清洁高效的能源体系初步确立，为首都经济社会持续健康发展、城乡居民生活品质提升、空气质量持续改善提供了坚强保障。“十二五”能源规划确定的主要目标任务圆满完成，为“十三五”时期实现更高水平发展奠定了坚实基础。

（一）设施保障能力大幅提升

1. 供电能力显著增强。四大燃气热电中心基本建成，全市发电装机容量1071万千瓦，比2010年增长83.1%，清洁能源发电装机容量占比达到80.1%。加快受电通道建设，形成6个方向、10条通道、20回路的外受电格局，受电能力达到1700万千瓦。初步形成“外围成环、分区供电”的主网架结构，建成500千伏枢纽站6座、220千伏变电站80座，全市35千伏及以上电网设施变电容量达到10817千伏安，比2010年增长26%。配网改造加快推进，供电可靠率达到99.9886%，户均年停电时间减至60分钟。

2. 多源多向燃气供应体系基本形成。建成陕京三线、唐山液化天然气（LNG）、大唐煤制气等外部气源工程，形成“三种气源、六大通道”的长输供应体系，年总供气能力达到410亿立方米。建成西沙屯、阎村等8座输气门站，日接收能力超过1.2亿立方米，城市输配体系日趋完善。燃气管网向新城、乡镇和农村地区加快拓展延伸。天然气用户达到589万户，管网长度达到2.2万公里。

3. 清洁供热规模不断扩大。加快推进“‘1＋4＋N’＋X”清洁供热体系建设。建成以四大燃气热电中心、燃气调峰锅炉为主力热源的中心供热大网，供热面积达到1.8亿平方米。加快推进燃煤锅炉清洁能源改造，城六区基本实现集中供热清洁化。首次引进域外热源，实现三河热电厂向通州供热1000万平方米。全市供热面积达到7.96亿平方米，清洁供热比重提高到85.8%。

4. 油品供应保障能力增强。完成燕山石化第五阶段油品升级改造。建成东六环成品油管线，推进油库设施资源整合，“一厂、一线、多库、千站”的成品油供应保障体系进一步完善。启动新机场航油管线建设前期工作。

（二）能源结构调整成效显著

“十二五”时期累计压减燃煤近1400万吨，煤炭消费比重由2010年的29.6%降至13.7%，天然气、电力等优质能源消费比重提高到86.3%。关停大唐高井、京能石热和神华国华燃煤电厂。完成各类燃煤锅炉清洁能源改造2万蒸吨，实现民用散煤清洁能源替代18.4万户。核心区基本实现无煤化，城六区、市级以上开发区基本取消燃煤锅炉。率先实施第五阶段车用汽柴油标准，淘汰老旧机动车183.2万辆和全部黄标车。

（三）能源运行安全平稳

首都能源运行保障机制不断完善。统筹做好天然气、电、煤、油品等能源供应和总量平衡。完善政府与企业多级能源储备体系，强化综合协调与专项调度，提前制定迎峰度夏、迎峰度冬能源保障方案，建立热电气联调联供机制，强化能源运行监测、预测预警及应急保障，应对极端天气和突发事件能力显著增强。圆满完成2014年亚太经合组织会议、纪念中国人民抗日战争暨世界反法西斯战争胜利70周年等重大活动能源保障任务。

（四）节能降耗始终走在全国前列

制定新增产业的禁止和限制目录，累计淘汰退出1300多家高耗能、高排放企业。率先实行能源消费总量和强度“三级双控”机制，广泛开展全民节能行动，深入推进建筑、交通等重点领域节能。全市以年均1.5%的能耗增长支撑了年均7.5%的经济增长，2015年万元地区生产总值能耗0.34吨标准煤，比2010年下降25.1%，是全国唯一连续10年超额完成年度节能目标的省级地区，能源利用效率居全国首位。

（五）可再生能源利用规模快速提升

以太阳能和地热能利用为重点，实施金太阳、阳光校园等示范工程，加快延庆、顺义等一批国家级可再生能源示范区建设，出台分布式光伏奖励、热泵补贴等鼓励政策，可再生能源利用由试点示范向规模化应用转变。2015年，可再生能源利用总量达到450万吨标准煤，比2010年翻了一番，占能源消费比重提高到6.6%。全市光伏发电装机容量16.5万千瓦，太阳能集热器800万平方米，地热及热泵供暖面积5000万平方米，风电装机容量20万千瓦，生物质发电装机容量10万千瓦。

（六）能源惠民取得实效

聚焦重点区域和薄弱环节，坚持能源设施建设与改善民生、治理大气污染相结合，推进实施一批老旧小区管网消隐改造、核心区及部分农村地区“煤改电”“煤改气”等能源惠民工程，城乡居民用能品质显著提升。五年来，完成960多个老旧小区1800公里老旧热网改造，186个老旧小区居民用电容量和可靠性大幅提高，10.8万户核心区居民用上“电采暖”，7.6万户农村居民采暖实现了清洁能源替代，优质低价液化石油气基本覆盖全部农村地区。

（七）能源改革不断深化

大幅取消下放能源类行政审批事项，市场活力进一步激发。能源价格改革深入推进，全面实施居民用电、用气阶梯价格，实施企事业单位用气用热分区域差别定价，完成机关事业单位热费改革。制定出台一批加快清洁能源发展、促进节能减排的政策措施和地方标准。初步建立能源行业安全生产监管体系。试点实施镇域供热政府和社会资本合作（PPP）模式，在电动汽车充电设施等领域加快引入社会资本。

虽然“十二五”期间本市能源建设发展取得积极成效，但与建设国际一流的和谐宜居之都目标要求以及广大市民的新期待相比，仍存在一些差距与不足，主要是：燃煤锅炉和原煤散烧仍然存在，煤炭在能源消费总量中的比重仍然较高；电网和外受电通道能力仍然不足，天然气通道及调峰设施建设相对滞后，中心大网调峰热源及管网尚需优化，设施安全保障能力亟待提升；制约可再生能源发展的瓶颈仍然存在，储能等关键技术有待突破，配套法规、政策和标准体系仍需完善；能源运行保障体系、安全标准体系及应对巨灾的应急预案体系尚不完善，精细管理和应急保障水平仍需提高；电力、燃气等能源行业体制机制改革有待深化。

二、适应首都发展新形势

“十三五”时期是全面落实首都城市战略定位、深入实施京津冀协同发展战略、加快建设国际一流和谐宜居之都的关键时期，首都能源发展也进入了一个新阶段。

（一）全面落实首都城市战略定位，要求能源保障更加安全可靠

“十三五”时期，首都核心功能将不断强化，“四个服务”保障要求越来越高，经济结构转型升级、区域布局优化调整、社会民生持续改善等重点任务繁重艰巨，超大型城市能源需求更加复杂多元，这些都对能源安全稳定运行提出了更高要求。从未来能源供需形势看，随着能源消费增长的减速换挡，供需紧平衡的矛盾将有所缓解，但部分能源品种、局部区域、局部时段的供需矛盾依然突出，能源安全保障的重点将从“保总量”向“保总量与保高峰”并重转变。

（二）深入实施京津冀协同发展战略，要求能源发展在更大空间实现统筹

本市需进一步发挥示范带动作用，深化与天津市、河北省等周边地区清洁能源合作，系统谋划、统筹推动能源设施布局及安全运行，加快构建京津冀一体化的现代能源系统，实现优势互补、合作共赢。

（三）加快推进生态文明建设，大气污染治理进入攻坚阶段，要求能源结构实现绿色低碳转型

兑现2020年左右二氧化碳排放总量达峰和2022年冬奥会环境承诺，必须严格控制能源消费总量，优化能源供给结构，积极推动能源生产和消费革命，大幅提高能源利用效率，建设能源节约型社会。从空间区域看，“十三五”期间，农村地区将是本市能源结构调整的主战场；从能源品种看，加快燃煤压减，强化天然气、电力保障，提升可再生能源比重将成为本市能源结构转型的主方向。

（四）提升城市治理水平，要求能源运行管理服务更加精细便捷

作为城市治理体系的重要组成部分，能源运行管理需充分运用大数据、物联网、云计算等现代信息技术，强化能源运行综合协调，完善热电气联调联供，健全能源安全预警及应急响应机制，加快提升能源运行管理信息化、精细化、智能化水平，更好满足多元化、个性化的能源服务需求。

（五）强化创新驱动发展，要求能源利用方式更加智能高效

能源互联网、储能技术不断发展，新能源微电网、电动汽车等新业态方兴未艾，能源供给侧结构性改革持续深入，为能源智能高效利用创造了条件。应紧紧抓住世界

能源新技术突破的有利时机，充分发挥首都科技创新中心优势，推动以智能微电网为纽带的多能融合发展，构建以绿色低碳、可再生能源为代表的现代能源体系，不断提升能源智能高效利用水平。

面对“十三五”时期能源发展的新特征、新趋势，必须主动适应、积极引领、奋发有为、开拓进取，努力实现能源发展方式转变和能源发展质量提升的新突破。

第二章　构建现代能源新体系

一、指导思想和基本原则

（一）指导思想

全面贯彻党的十八大和十八届三中、四中、五中、六中全会精神，以习近平总书记视察北京重要讲话精神为根本遵循，牢固树立创新、协调、绿色、开放、共享的发展理念，主动适应经济发展新常态和能源革命新趋势，牢牢把握首都城市战略定位，深入实施京津冀协同发展战略，加快推进供给侧结构性改革，以确保能源安全为核心，完善设施体系及运行调节机制，着力提升能源安全保障水平；以推进压减燃煤和可再生能源发展为重点，加快能源结构调整，着力提升能源绿色低碳发展水平；以推广现代能源新技术应用为手段，促进多种能源融合协同发展，着力提升能源智能高效利用水平；以深化能源体制机制改革为动力，完善能源市场体系，着力提升能源管理服务水平，加快构建绿色低碳、安全高效、城乡一体、区域协同的现代能源体系，为建设国际一流的和谐宜居之都提供坚强可靠的能源保障。

（二）基本原则

1. 坚持安全可靠。围绕重点能源品种、重点区域、重点时段，建管并重、适度超前、提升品质，加快构建多源、多向、多点的能源设施供应体系，完善智能、精细、高效的运行调度和应急响应机制，确保首都能源安全可靠。

2. 坚持绿色低碳。加快落实生态文明建设及大气污染治理任务，以更大力度、超常规措施进一步加快能源结构调整，实施清洁能源替代，实现可再生能源利用规模和发展水平新跨越。

3. 坚持节约优先。科学划定能源消费总量红线，改变粗放型能源消费方式，提高能源利用效率，加快形成能源节约型社会，降低用能成本。

4. 坚持智能高效。充分运用现代能源新技术，强化多种能源融合发展，推进能源互联网示范应用，打造绿色智能能源示范区，推动能源绿色智能高效转型。

5. 坚持区域统筹。围绕京津冀区域能源清洁转型总体要求，着力推进压减燃煤，协同推进京津冀现代能源体系建设。进一步强化北京城市副中心、北京新机场等重点区域能源供应保障，加快推进农村地区能源设施建设和清洁转型。

6. 坚持改革驱动。深化电力、燃气、热力等重点领域改革，有序放开能源市场，吸引社会资本进入，培育多元竞争的能源市场主体。强化能源市场监管服务，创造更加公平开放的市场环境。

7. 坚持服务民生。补齐农村地区、城乡结合部、老旧小区等能源发展短板，着力提升设施保障能力和清洁用能水平，更好服务民生需求。

“十三五”期间，本市能源发展要着力推动实现四个转变：更加注重从保障总量、供需平衡向保障总量、优化结构、提升效率并重转变；更加注重从煤炭等传统化石能源的供应保障向天然气、电力等清洁能源的供应保障以及太阳能、地热能等可再生能源的开发利用转变；更加注重从能源布局的市域内统筹向市域内、市域外两个统筹转变；更加注重从传统运行调控向信息化、精细化、智能化运行调控转变。

二、供需平衡分析

（一）能源需求总量预测

综合考虑“十三五”时期经济增速、非首都功能疏解、人口规模调控、汽车保有量等因素，预计2020年全市能源需求总量为7500万～7700万吨标准煤。

（二）主要能源品种供应潜力

总体判断，“十三五”期间，本市现代能源保障体系初步构建，资源保障能力显著增强，各能源品种能够满足经济社会发展需求。但受源头生产能力、调峰设施能力、极端天气、市场变化等因素影响，不排除部分能源品种在部分时段、局部区域出现供应紧张的可能性。

1. 天然气资源压力有所缓解，高峰时段供需矛盾依然突出。“十三五”期间，预计国际天然气供应逐步宽松，国内天然气产量进一步提升，天然气供需总体进入宽平衡状态。随着陕京四线等外部气源通道的建成，能够满足本市2020年190亿立方米的用气需求。但日高峰用量接近1.5亿立方米，采暖高峰时段供需矛盾依然突出，必须加快储气库等调峰设施建设。

2. 油品供需总体平衡，市场不确定因素不可忽视。“十三五”时期，燕山石化原油年加工能力控制在1000万吨以内，汽柴煤油年生产能力达到550万～600万吨，加上北京周边地区中石化、中石油等相关炼化企业，合计加工能力约4500万吨。总体判断，能够满足本市2020年1600万吨的成品油需求。但受原油供应及运输等不确定因素影响，仍可能存在供应波动。

3. 调入电力稳步增长，需求侧管理仍需加强。“十三五”期间，北京外受电通道增至14条，受电能力达到3500万千瓦左右，本地电源装机容量预计达到1300万千瓦，可以满足2020年2600万千瓦的高峰电力需求。但在冬、夏高峰期间仍需加强需求侧管理，努力降低最大负荷需求。

三、主要目标

（一）总量控制目标

在强化能源节约、大幅提高能源效率前提下，2020年全市能源消费总量控制在7600万吨标准煤左右，年均增长2.1%。

（二）结构调整目标

到2020年，煤炭消费总量控制在500万吨以内，优质能源消费比重提高到95%以上，可再生能源占能源消费的比重达到8%以上。到2017年，城六区及通州区、大兴区和房山区的平原地区实现基本无煤化；到2020年，全市平原地区实现基本无煤化。

（三）节能减排目标

2020年左右二氧化碳排放总量达到峰值并力争尽早实现。2020年单位地区生产总值能耗比2015年下降17%。

（四）能力保障目标

1. 电力。形成东南西北多向送电、500千伏双环网主网架格局，外输通道能力达到3500万千瓦左右。本地清洁发电装机容量达到100%，其中可再生能源发电装机容量占比达到15%左右。建成服务半径不超过5公里的电动汽车充电网络。全市供电可靠率达到99.995%，户均年停电时间下降到27分钟以内，其中四环路内、城市副中心、北京新机场等重点区域户均年停电时间控制在5分钟以内，达到国际一流水平。

2. 燃气。建成“三种气源、八大通道、10兆帕大环”的多源多向气源供应体系。管道天然气覆盖全市，基本实现全市城六区外平原地区管道天然气镇镇通。

3. 供热。优化完善“‘1＋4＋N’＋X”供热格局，全市供热面积达到9.5亿平方米，余热和可再生能源供热面积达到7000万平方米，清洁供热比重达到95%以上。

4. 油品。油品储运能力和设施布局进一步完善。

（五）能源惠民目标

累计完成280个老旧小区14万户居民配电网升级改造，农村地区供电可靠率达到99.99%，户均变电容量达到7千伏安，农村电采暖用户户均变电容量达到9千伏安。基本完成全市老旧管网消隐改造。

“十三五”时期北京市能源发展主要目标 **表1**

类别	指标名称	单位	2015年	2020年	年均增长（%）	属性
总量与结构	★能源消费总量	万吨标准煤	6852.6	7600	2.1	约束性
	★煤炭消费量	万吨	1165.2	500	－15.6	约束性
	★煤炭消费比重	%	13.7	4.7	[－9]	约束性
	油品消费量	万吨	1583.8	1600	0.2	预期性
	油品消费比重	%	33.5	30.5	[－3]	预期性
	天然气消费量	亿立方米	145.4	190	5.5	预期性
	天然气消费比重	%	29	31.6	[2.6]	预期性
	★可再生能源消费量	万吨标准煤	450	620	6.6	约束性
	★可再生能源消费比重	%	6.6	8以上	—	约束性
	全社会用电量	亿千瓦时	952.7	1100	2.9	预期性

续表

类别	指标名称	单位	2015 年	2020 年	年均增长（%）	属性
电力发展	电力装机容量	万千瓦	1071	1300	3.95	预期性
	其中：燃气装机容量	万千瓦	846.7	994.4	3.3	预期性
	可再生能源装机容量	万千瓦	47	200	33.6	预期性
	全市供电可靠率	%	99.9886	99.995	[0.0064]	预期性
节能减排	★单位地区生产总值能耗降幅	%	—	—	[17]	约束性
	★单位地区生产总值二氧化碳排放降幅	%	—	—	[20.5]	约束性
	电网综合线损率	%	6.89	6.73	[－0.16]	预期性
能源惠民	居民人均生活用电量	千瓦时	808.7	1000	4.3	预期性
	农网户均变电容量	千伏安	2 左右	7	[5]	预期性
	农网供电可靠率	%	99.95	99.99	[0.04]	预期性

注：1.[ ] 内为五年累计数；2. 主要指标共计 20 项，其中“★”为约束性指标，共计 7 项。

2020 年北京市能源消费结构表 **表 2**

能源品种 \ 年份	2015 年			2020 年		
	实物量	标准量（万吨标准煤）	比重（%）	实物量	标准量（万吨标准煤）	比重（%）
煤炭（万吨）	1165.2	937.7	13.7	500	360	4.7
调入电（亿千瓦时）	537	1504.1	21.9	770（含外调绿色电力 100 亿千瓦时）	2300	30.3
天然气（亿立方米）	145.4	1984.9	29	190	2400	31.6
油品（万吨）	1583.8	2298.3	33.5	1600	2320	30.5
其他能源（万吨标准煤）		127.6	1.9		220	2.9
合计		6852.6	100		7600	100

注：根据国家第三次经济普查统计口径平衡测算。

第三章　打好压减燃煤攻坚战

加快落实生态文明建设及大气污染治理任务，加快电力、燃气配套设施建设和可再生能源推广利用，由内向外、集中连片、分步实施，以超常规的措施和力度压减燃煤，全力打好全市燃煤治理攻坚战。

一、完成平原地区散煤治理

结合非首都功能疏解和人口规模调控，制定全市民用散煤清洁能源替代实施方案，加大资金政策支持力度，强化属地责任，统筹推进、分类实施，实现全市平原地区基本无煤化。

（一）率先实现城六区和南部平原地区基本无煤化。结合非首都功能疏解，统筹多种方式削减城六区散煤。对纳入棚户区改造规划的区域，加快实施搬迁削减，其他区域加快推进煤改清洁能源，确保2017年底前实现城六区与通州区、大兴区和房山区的平原地区基本无煤化。

（二）实现平原地区基本无煤化。加大资金投入，加快电力、燃气等配套设施建设。对距离天然气管网较近的村庄，优先通过“煤改气”替代，其他区域以“煤改电”为主替代。鼓励可再生能源、“煤改天然气（LNG/CNG）”等多种方式替代。2020年底实现平原地区基本无煤化。

（三）加快削减山区村庄散煤。结合区域资源禀赋条件，加大山区散煤治理工作力度。优先利用地热能和太阳能等可再生能源，鼓励采用“煤改天然气（LNG/CNG）”“煤改电”等多种方式削减山区村庄散煤。未实施清洁能源改造的村庄全面实现优质煤替代。

二、基本完成燃煤锅炉清洁改造

按照先平原地区、再山区的步骤，统筹推进实施燃煤锅炉清洁改造，细化落实配套政策，2020年底前基本完成全市供暖和工业燃煤锅炉清洁能源改造。

（一）加快工业企业燃煤替代。定期修订《工业污染行业、生产工艺调整退出及设备淘汰目录》，加快淘汰高耗能、高排放的行业和生产工艺，基本完成工业企业用煤设施清洁能源改造。

（二）完成平原地区燃煤锅炉清洁能源改造。推进城六区外平原地区管道天然气镇镇通工程，加快实施“煤改气”替代。鼓励西集等地热资源丰富地区实施“煤改热泵”替代。通州、房山等具备域外热源的地区通过“域外引热”等方式替代。2017年底前基本淘汰全市10蒸吨及以下燃煤锅炉，完成大兴区、房山区的平原地区燃煤锅炉清洁能源改造。

（三）基本完成山区燃煤锅炉清洁能源改造。结合资源禀赋条件，通过“煤改热泵”“煤改天然气（LNG/CNG）”等多种方式改造山区燃煤锅炉。以筹办2022年冬奥会为契机，加快实施延庆区“煤改绿色电力”替代燃煤锅炉。

三、全面关停燃煤电厂

加大项目协调力度，加快完成东南热电中心新建燃气机组及配套燃气锅炉建设，四大燃气热电中心全面建成投运，实现华能电厂燃煤发电机组停机备用，本地清洁发电比例达到100%。

第四章　全面增强设施保障能力

以建设现代能源体系为目标，完善“多源、多向、多点”设施布局，强化外送通道和本地管网建设，提升应急调峰设施水平，全面增强设施保障能力。

一、建成安全高可靠电网

统筹华北电力资源，加快外受电通道建设，显著提高外受电能力，完善主网结构，提高配网可靠性，实现“主网、配网、农网”协调发展。

（一）提高外受电通道能力。加快电网一体化建设，增强京津唐多方向外受电通道能力。结合国家特高压输电通道建设，建成北京东—顺义、北京东—通州、北京西—新航城500千伏下送通道；加强西电东送和北电南送通道建设，建成蔚县—门头沟、张南—昌平第三回路等500千伏送电工程，研究推动内蒙古多伦—通北送电工程建设。新增周边地区绿色电力直送北京通道，研究推动张北—北京可再生能源柔性直流输电工程建设，研究推进内蒙古自治区赤峰市和乌兰察布市等新能源基地向北京送电工程建设。到2020年，外受电达到14条通道30回路，输电能力达到3500万千瓦左右。

专栏1：张北可再生能源柔性直流电网工程

柔性直流输电技术是一种以电压源换流器、自关断半导体器件和脉宽调制技术为基础的新型输电技术，具备非同步互联、快速调节控制、远距离大规模输电等传统直流输电的优点，同时相对于传统直流输电技术具有向无源网络供电、不会出现换相失败、系统有功、无功均可灵活调节，可构成多端直流电网的优点。柔性直流输电技术适用于大规模新能源并网，可极大提高我国新能源利用水平，有助于改善重点区域的能源结构，促进大气污染问题的解决。

张北可再生能源柔性直流电网工程电压等级为500千伏，单端容量达3000兆瓦，电压等级和容量均将成为世界最高、最大，并且将首次构建真正意义的直流电网，对于引领技术创新，占领技术制高点意义重大。

张北可再生能源柔性直流电网一期为四端直流电网，四端分别为张北、康保、丰宁和北京，张北、康保汇集风电、光伏电力，丰宁接入大规模抽水蓄能电站，北京为受端。该工程选用柔性直流输电技术具有如下优点：一是具备有功、无功独立控制能力，可增强无功电压支撑能力；二是不存在同步稳定性问题，可将不稳定的可再生能源多点汇集，形成稳定可控的电源；三是可充分利用区域大规模风电、光伏发电的互补特性与抽蓄的灵活调峰特性，形成灵活的能源交互平台。张北可再生能源柔性直流电网直接落点北京，终期最大可直接传送3000兆瓦绿色电力至北京电网，为北京电网新增了一条受电通道，将有力提升北京500千伏、220千伏电网受电能力。

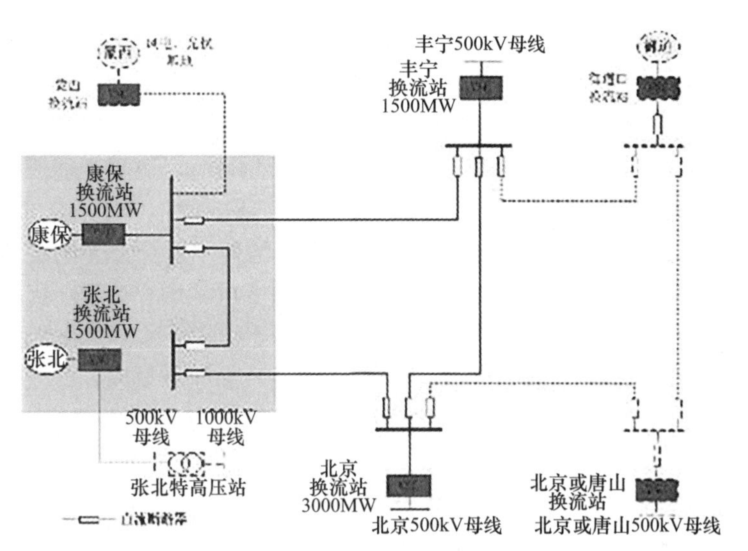

图 1　张北可再生能源柔性直流电网接入系统方案示意图

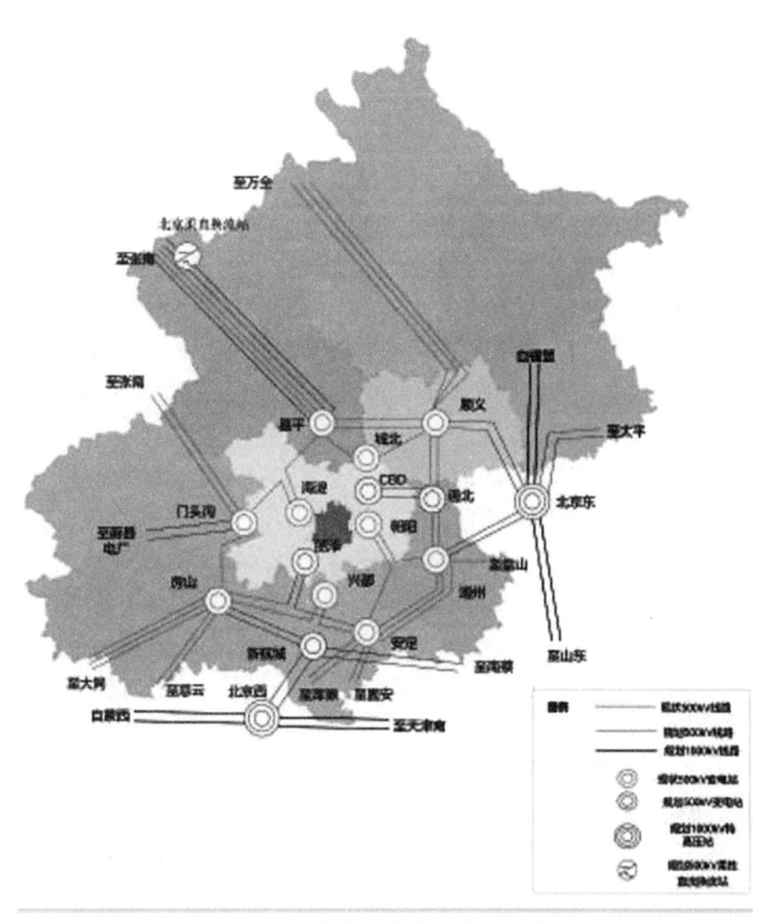

图 2　2020 年北京市电网布局示意图

（二）完善本地电源支撑。全面建成四大燃气热电中心，加快推进通州运河核心区、海淀北部地区区域能源中心项目建设，形成以四大燃气热电中心为主、区域能源中心为辅、可再生能源发电为补充的多元电源支撑体系。到2020年，本地电源装机规模控制在1300万千瓦左右，清洁能源发电比例达到100%，可再生能源发电装机容量比例达到15%左右。

（三）优化主干电网结构。完善500千伏双环网结构，提升外受电接纳能力，建成新航城、通北500千伏变电站，完成安定500千伏变电站增容工程。提升负荷中心电网支撑能力，建成商务中心区（CBD）、丽泽500千伏变电站。优化供电结构，加密变电站布局，新建高碑店、梨园等220千伏变电站，新建东夏园、辛安屯等110千伏变电站。到2020年，形成“以双环网为骨架、分区运行、区内成环、区间联络”的运行格局。

（四）建设高可靠性配网。优化10千伏网架结构，合理安排开闭站、配电室布局，推进配网“网格化”发展。提升配网自动化水平，依托地下综合管廊，加快实施架空线入地工程，完成老旧小区配电设施改造及老旧电力管线消隐改造。加快配网智能化配套设施建设，光纤覆盖率达到100%。到2020年，全市供电可靠率达到99.995%，年户均停电时间下降到27分钟以内。

（五）实施新一轮农网升级改造。以农村“煤改电”为抓手，加快网架结构优化、低电压治理、装备水平提升和智能化建设。到2020年，农村地区供电可靠性达到99.99%，户均停电时间降至1小时左右，户均变电容量达到7千伏安，农村电采暖用户户均变电容量达到9千伏安，农村产业和生活用电环境显著改善。

二、完善燃气设施体系

按照“保总量、保高峰、保储备”的原则，加快外部输送通道建设，完善本地输配管网，提升季节调峰能力，确保天然气供应平稳安全。

（一）强化多源多向气源供应体系。建成陕京四线干线及高丽营—西沙屯、密云—平谷—香河、西集—香河—宝坻联络线，形成北京外围10兆帕供气环网。加快推进中俄东线建设，预留天津方向海上液化天然气（LNG）输气通道。到2020年形成“三种气源、八大通道、10兆帕大环”的多源多向气源供应体系，实现多个气源间衔接和综合调度，满足本市年用气量190亿立方米需求。

专栏2：天然气陕京四线工程

陕京四线工程起自陕西靖边首站，途径内蒙古、河北等地区，终于北京高丽营末站，管线全长约1120公里，北京段长约107公里，设计年输气量300亿立方米。陕京四线全部建成后将联通本市西北、东北的供气通道，实现与陕京二线、陕京三线、永唐秦管线相接，大幅提升北京燃气保障水平，从根本上解决延庆地区用气问题，工程计划于2017年建成投产。

专栏3：三种气源、八大通道、10兆帕大环

三种气源，即指本市的上游气源，包括陆上气、海上气及煤制气；八大通道，即指陕京一线、二线、三线、四线、大唐煤制气、地下储气库、唐山液化天然气

(LNG)、中俄东线8条输气通道；10兆帕大环，即指通过联络线将上述八大通道联通，在北京市及其周边形成由长输管线组成的外围10兆帕环网。

（二）增强储气调峰能力。推进大港和华北储气库群扩容工程，完善上游资源调度体系，满足本市2020年50亿立方米季节性调峰需求。

（三）完善城镇输配系统。加快建设西六环中段天然气管线工程，建成六环路4兆帕城市核心配气平台，保障城市用气安全。新建延庆、大灰厂、密云等接收门站及分输站，实现日接收能力3.5亿立方米。推进市内输配管网建设，建成小汤山等高压A调压站、潘家庙等高压B调压站及配套管线工程，提高六环路天然气配送能力及城六区天然气管网输配能力。到2020年，形成“一个平台、三个环路、多条联络线”的城镇输配系统。

专栏4：一个平台、三个环路、多条联络线

一个平台，即为六环路配气平台；三个环路，即为沿三环路、四环路及五环路所建成的高压B、次高压A输配环路；多条联络线，即沿京开、莲石、京藏、京承、京平、京包等放射道路所建设的联络线。

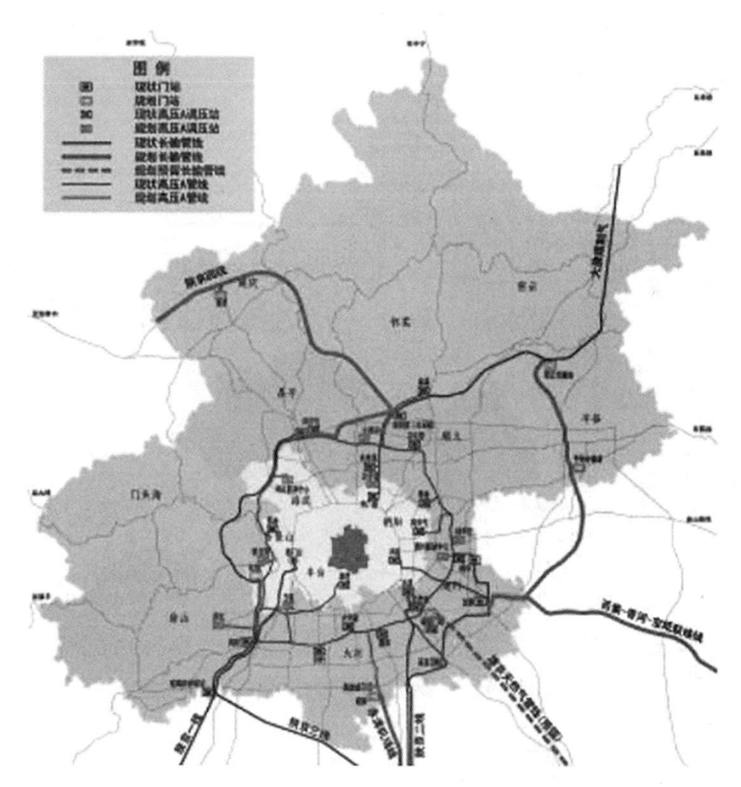

图3　2020年北京市天然气设施布局示意图

（四）实施城六区外平原地区天然气镇镇通工程。加快天然气干线及配套管网建设，随陕京四线等北部气源同步建设延庆地区供气管线，实现10个新城全部接通管道天然气。2020年基本实现平原地区管道天然气镇镇通。

（五）完善农村天然气供应体系。在房山、通州、顺义、昌平、大兴和怀柔等天然气设施相对完善地区，加快天然气管网向周边农村延伸，实现有条件的农村连通管道天然气。在门头沟、平谷、密云和延庆等燃气设施相对薄弱地区，加快天然气（LNG/CNG）储运设施建设，提高农村天然气使用率。

三、发展城乡清洁供热

坚持多种方式、多种能源相结合的清洁供热发展方向，优化城市供热管网布局，完善安全清洁的城乡供热体系，加快调峰热源和区域热网建设，2020 年全市清洁供热面积达到 95% 以上。

（一）增强城区供热保障能力。建成东南热电中心燃气供热机组，实现城区中心大网 100% 清洁供热。加快北小营二期、八角中里等调峰设施建设，大幅提高热网调峰供热能力。新建新街口内大街、学院路等连通管线，打通热网断头断点，优化热网运行方式。建成海淀北部地区等区域热力网，积极发展电厂余热回收、再生水源热泵等新型供热方式，完善城区供热体系。到 2020 年，中心大网供热面积控制在 2 亿平方米以内，逐步形成中心大网和区域供热等方式相结合的城区供热格局。

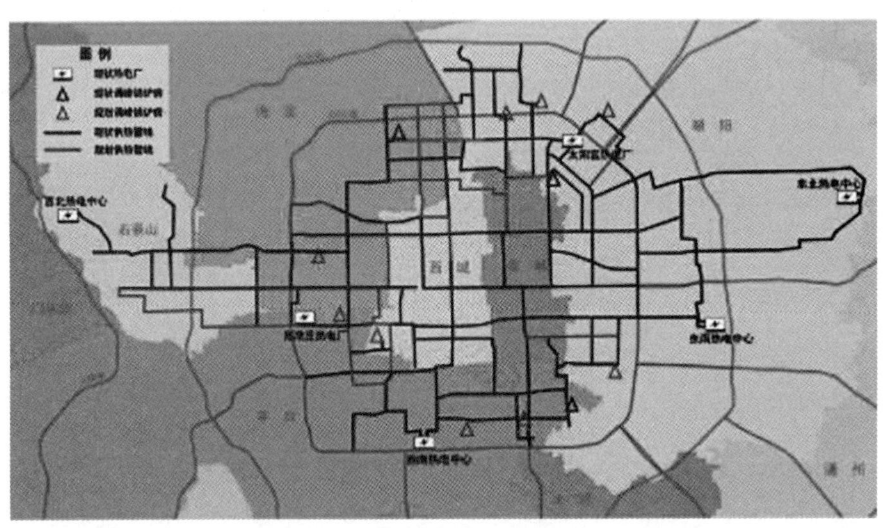

图 4　2020 年北京市中心大网供热布局示意图

（二）提高新城清洁供热水平。完成通州运河核心区区域能源中心建设和燃煤锅炉清洁改造，扩大三河热电厂向通州供热规模，实现北京城市副中心清洁供热。以 2019 年世界园艺博览会、2022 年冬奥会筹办为契机，加快延庆新城清洁能源供热替代，推进张家口绿色电力向延庆供热。实现涿州热电厂向房山供热，提升房山清洁供热比重。积极推进未来科学城区域能源中心供热向周边辐射，扩大清洁供热面积。

（三）发展乡镇地区清洁供热。管道天然气通达的平原地区乡镇，优先采用天然气供热；未通达地区优先采用热泵或“煤改天然气（LNG/CNG）”等方式供热。因地制宜推广太阳能、地源热泵等新型供热方式。加快供热市场化，鼓励社会资本参与，在门头沟区城子地区、平谷区马坊镇等供热规模较大、发展速度较快的重点镇，推行供热特许经营试点。推进农村地区“煤改电”“煤改天然气（LNG/CNG）”集中供热试点。

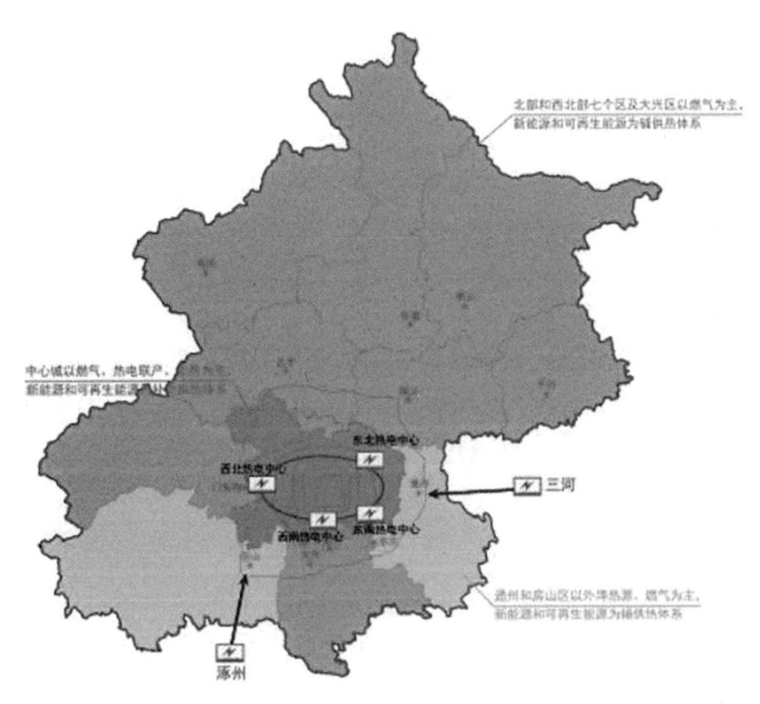

图 5　2020 年北京市城乡供热布局示意图

四、优化油品清洁保障体系

按照存储与保障相结合、升级与减量替代相结合的思路，稳定总量、优化存量，加快油品设施资源整合，保障清洁油品供应。

（一）完善油品设施布局。新建北京新机场航油管线及储油设施，保障新机场航油需求。加快现有油库设施布局调整，实施长辛店、住海、石楼油库改扩建工程，2020 年油库总库容达到 110 万立方米。优化调整加油站空间布局，保障市民出行需求。

（二）加快油品升级替代。将燕山石化原油加工能力控制在 1000 万吨以内，实施环保升级改造，实现资源高效利用，进一步降低污染物排放。加快设施升级改造，优化产品结构，增强清洁油品供应能力。加快电动汽车、天然气汽车推广应用，实现油品减量替代。

第五章　实现可再生能源利用新突破

创新发展模式，突破技术制约，大力实施绿色电力进京和绿色能源行动计划，将可再生能源融入城市能源供应体系，大幅提升可再生能源利用规模。2020 年，全市可再生能源消费总量达到 620 万吨标准煤，占能源消费总量的比重达到 8% 以上。

一、跨区域调入绿色电力

实施绿色电力进京计划，支持北京周边地区可再生能源基地建设，推动建立京冀晋蒙绿色电力区域市场。到2020年，年外调绿色电力总量达到100亿千瓦时。

（一）扩大绿色电力消费。研究建立本市可再生能源目标引导及考核制度，探索建立绿色电力交易机制，逐步形成京冀晋蒙绿色电力市场。倡导绿色低碳消费理念，政府及公共机构率先使用绿色电力，研究开展绿色电力自愿认购制度，鼓励企业及个人使用绿色电力。结合“煤改电”、集中供热清洁改造，探索绿色电力供热新模式。

（二）支持冀晋蒙可再生能源输出基地建设。完善京冀晋蒙可再生能源协同发展机制，大力支持国家可再生能源示范区（张家口）及内蒙古自治区赤峰市、乌兰察布市和山西省大同市等可再生能源输出基地建设，综合开发风能、太阳能，就地配套电力调峰储能设施，推动京张、京蒙绿色电力输送通道建设，扩大外调绿色电力规模。

二、充分利用本地可再生能源

实施绿色能源行动计划，充分开发太阳能和地热能，有序开发风能和生物质能。推进分布式光伏、热泵系统在既有建筑的应用，新建建筑优先使用可再生能源，新增电源建设以可再生能源为主。

（一）实施“阳光双百”计划。加快分布式光伏在各领域应用，实施“阳光校园、阳光商业、阳光园区、阳光农业、阳光基础设施”五大阳光工程，鼓励居民家庭应用分布式光伏发电系统，推动全社会参与太阳能开发利用。积极探索利用关停矿区建设大型光伏地面电站。进一步扩大太阳能热水系统在城市建筑中的推广应用，鼓励农村地区太阳能综合应用。到2020年，全市新增光伏发电装机容量100万千瓦，新增太阳能集热器面积100万平方米。

专栏5：五大阳光工程

（1）阳光校园：指在本市具备安装条件的大、中、小学校园及相关教育设施建筑物上建设屋顶太阳能光伏发电项目，满足在教学、校区景观等方面用电需求。（2）阳光商业：指在本市大型购物中心、商场、超市建设商业分布式光伏发电项目。（3）阳光园区：指在亦庄、顺义、海淀、昌平的园区厂房建设分布式光伏发电项目。（4）阳光农业：指光伏发电与现代农业设施相结合，建设农光互补太阳能光伏发电项目。

（2）阳光基础设施：指在本市具备条件的轨道交通场站、交通枢纽、P＋R停车场、污水处理厂、燃气供热发电厂等基础设施建设分布式光伏发电项目；结合新能源汽车充电基础设施建设光伏汽车充电站。

（二）实施千万平方米热泵利用工程。加快推动热泵在重点领域、重点区域应用。在延庆新城、大兴采育、通州西集等地热资源丰富地区，稳妥开发深层地热。在城市副中心、北京新机场临空经济区等区域重点发展地源热泵供暖制冷。结合集中供热清洁改造和散煤治理，推动浅层地温能应用。在东坝、金盏园区的电厂周边区域，优先利用余热热泵供热。在首钢、丽泽的再生水干线周边区域，大力发展再生水源热泵供热。到2020年，全市新增地热和热泵系统供热面积2000万平方米。

（三）建成百万千瓦风能生物质发电工程。完成官厅风电场四至八期工程、昌平青灰岭风光互补发电工程，加快推进延庆旧县镇等风电项目前期工作。推动顺义、通州、房山等垃圾焚烧发电工程建设。到2020年，新增风力发电装机容量45万千瓦，总容量达到65万千瓦；新增生物质发电装机容量15万千瓦，总容量达到35万千瓦。

专栏6：绿色电力进京计划和绿色能源行动计划

绿色电力进京计划：绿色电力进京是指积极引入河北、内蒙古、山西等周边地区可再生能源电力，满足本市绿色电力需求。总体上，本市可利用的可再生能源资源有限，可再生能源生产能力与本市市场需求不匹配，“十三五”期间，本市将协同河北、内蒙古和山西等周边地区，积极推动可再生能源基地建设，构建京冀晋蒙绿色电力通道，培育可再生能源协同发展市场，为本市大规模利用绿色电力提供坚强保障。

绿色能源行动计划：绿色能源行动计划是指在全市各行业、各领域推广太阳能、地热能等可再生能源，大力发展风能、垃圾焚烧发电，实施“阳光双百”计划、千万平方米热泵利用工程和百万千瓦风能生物质发电工程。经过多年探索发展，本市在可再生能源项目开发、商业运营模式方面积累了丰富的经验，技术趋于成熟，绿色发展的社会意识不断增强，在全市范围内开展全民参与的可再生能源开发利用行动条件已经成熟。实施绿色能源行动计划能够提高全社会开发利用可再生能源的参与度，是优化能源结构的重要手段。

三、创新引领产业发展

充分发挥首都科技创新优势，集中攻关大规模储能等关键技术，加快成果转化应用，培育具有核心竞争力的高精尖产业集群，打造国家可再生能源发展战略高地。

（一）提升技术引领能力。以国家级研究机构和龙头企业为主体，加强国家实验室、国家工程（技术）研究中心和实证测试平台建设，重点攻关高效储能、智慧融合控制等关键技术，进一步提升风电、光伏等领域装备研发水平，加快推动重大科技成果交易转化，提升产业链核心竞争力。增强先进技术对可再生能源创新发展的支撑作用。

（二）做强可再生能源产业。扶持本地能源投资企业发展，鼓励其参与周边地区资源合作开发。结合新能源微电网示范项目建设，培育可再生能源综合运营商。建立可再生能源融资服务平台，健全可再生能源行业绿色信用体系，积极推动绿色金融产业发展。加大第三方认证服务支持力度，建立可再生能源研究基地和系统测试平台，加强认证服务标准化体系建设。

第六章　引领能源绿色智能高效转型

顺应能源生产和消费革命新趋势，以改革创新为动力，以“互联网+”为手段，加快推进能源新技术、先进信息技术与能源系统的深度融合，推动能源绿色智能高效转型。

一、转变能源发展方式

以智能微电网为纽带，推进多种能源融合发展，加快构建现代城市能源体系。

（一）推动多能融合发展。加强并网控制、智能调度等关键技术攻关和推广应用，促进光伏、风能、热泵、燃气热电冷三联供系统与常规能源体系融合，推动多种能源系统高效耦合应用，实现可再生能源与常规能源融合发展，分布式能源系统与城市热网、电网融合发展。

（二）推动能源智慧发展。加快大数据、云计算、互联网等现代信息技术在能源领域的推广应用，逐步实现光伏、热泵等新能源技术与智能控制技术高度融合。以智能微电网和能源互联网示范为抓手，加快智慧能源系统建设，推动能源发展向智慧化转变。

二、推动能源互联网发展

加强能源互联网基础设施建设，开展区域能源互联网试点示范。

（一）推进能源互联网基础设施建设。整合可再生能源在线监测系统、电力需求侧管理系统、节能在线监测系统，建设基于互联网的智慧运行云平台，发展智能光伏、智慧储能设施，建设计量、交易、结算等接入设施与支持系统。以新能源微电网为基础，推进用户侧热力、天然气等多种能源形式互联互通，发展多种能源协同转化的区域能源网络。

（二）鼓励储能运营新模式。建设基于电网、储能、分布式电源、充电设施等元素的电动汽车运营云平台，促进电动汽车与智能电网间能量和信息的双向互动，发展车电分离、电池配送、智能导引运营新模式。逐步推广储热、储冷、储电等分布式储能设备应用，利用充电设施和不间断电源（UPS）冗余能力，拓展分布式储能设施规模，建立储能设施数据库，通过互联网与服务平台实现运行管控。

（三）开展能源互联网试点示范。加快城市电网智能化建设，基本实现可再生能源、分布式电源就地消纳和并网运行。推进延庆八达岭经济技术开发区、海淀北部、亦庄金风科技园等新能源微电网示范项目建设，探索完善新能源微电网技术、管理和运行模式，实现可再生能源发电、供热、制冷、储能联动的综合运行调配。

专栏 7：能源互联网

能源互联网是以互联网理念构建的新型信息—能源融合“广域网”，以大电网为“主干网”，以微网、分布式能源、智能小区等为“局域网”，以开放对等的信息—能源一体化架构，真正实现能源的双向按需传输和动态平衡使用，最大限度适应可再生能源接入。

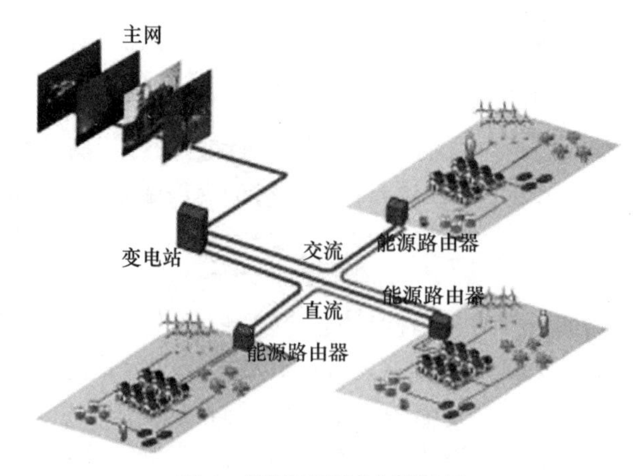

图 6　能源互联网典型场景

三、打造绿色智能高端应用示范区

坚持高起点规划、高标准建设、高水平服务，综合运用新模式、新技术，稳步推进北京城市副中心、2022年冬奥会赛区、北京新机场及临空经济区等新增用能区域多能集成互补开发建设，打造绿色智能高端应用示范区。

（一）城市副中心。以国际一流的绿色智能高效能源示范区为目标，加快城市副中心行政办公区能源系统建设，重点打造深层地热、浅层地温能、太阳能和常规供热系统互为融合的供能系统，实现可再生能源与常规能源系统的智能耦合运行，可再生能源比重达到40%左右。按照“可再生能源优先、常规能源系统保障”的原则，在城市副中心全面推广太阳能、地热能与常规能源系统的智能耦合发展，提升环球主题公园等重点区域能源绿色智能高效水平，力争城市副中心整体可再生能源比重达到15%以上。

（二）2022年冬奥会赛区。实践绿色低碳可持续发展理念，大力发展地热、热泵、太阳能等可再生能源的耦合应用，加强与周边地区绿色能源合作，基本实现冬奥会赛区电力消费全部使用绿色电力。高水平建设延庆、崇礼赛区供热、供电、供气等能源配套设施，实现能源生产、输送和消费的智能高效，打造绿色低碳冬奥会。高标准建设延庆绿色能源示范区，进一步扩大绿色电力装机规模，大力发展可再生能源供热，加快八达岭经济技术开发区新能源微电网示范项目建设，到2020年，构建起以可再生能源为核心的清洁能源供应体系，可再生能源利用占比提高到40%左右。

（三）北京新机场及临空经济区。结合区域及周边天然气、电力、油品等基础设施建设，重点建设地热、太阳能与燃气三联供系统互为融合的区域能源系统。北京新机场全面达到二星绿色建筑标准，航站楼等主体建筑可再生能源比重达到15%以上。以分布式光伏和地热利用为重点，加快临空经济区绿色智能高效能源系统建设。

（四）重点功能区。加快推进昌平新能源示范城市建设，进一步扩大太阳能、地热能和余热利用规模，到2020年，全区可再生能源利用比重超过15%。深入推进顺义、海淀、亦庄光伏应用示范区建设，在既有工业厂房、公共建筑实施分布式光伏系统项目，不断扩大新建建筑分布式光伏应用规模，优化局域电网调配和消纳管理技术，提升分布式光伏智能化应用水平，到2020年，分布式光伏发电应用示范区新增发电装机容量超过40万千瓦，占全市新增规模40%以上。

第七章　深入推进节能降耗

坚持节约优先的发展理念，深入践行能源消费革命，严格控制能源消费总量，持续推进重点领域节能，大力倡导绿色低碳生产生活方式，逐步实现经济社会绿色化、集约化发展。

一、严格控制能源消费总量

（一）加强节能目标责任考核。按照上下衔接、条块结合的原则，把全市“十三五”能源消费总量和能耗强度控制目标分解到各区、各行业和重点用能单位。严格执行“三级双控”节能目标责任制，强化年度目标责任考核。

（二）实施区域差异化用能管控。城六区实施更加严格的节能管控措施和能效准入标准，尽早实现能源消费总量达到峰值。通州区、顺义区、大兴区和昌平区、房山区的平原地区，实施适度从紧的节能管控政策，严控新上高耗能项目。山区全面退出高耗能、高污染行业，加快实施低碳能源替代，力争实现能源消费低速增长。

二、坚决淘汰退出落后产能

在全市范围内加快淘汰能耗较高、污染较大的行业和生产工艺。严格执行新增产业的禁止和限制目录，严控新增不符合首都功能定位的产业，坚决控制高耗能、高排放项目新建和改扩建。积极推进煤炭行业“去产能”，实现本市煤矿产能全部关停退出。

三、持续开展重点领域节能

（一）强化建筑节能。提高新建城镇居住建筑节能设计标准，节能率达到80%，新建政府投资的公益性项目和大型公共建筑达到二星级及以上绿色建筑标准。推进既有居住建筑围护结构改造和公共建筑节能改造，基本完成具有改造潜力的老旧小区节能综合改造。全面强化建筑运行能耗管理。

（二）深化交通节能。加快推进轨道交通基础设施建设，显著改善城区步行和自行车交通条件，中心城区绿色出行比例提高至75%以上。完善汽车充电设施布局，推广使用新能源和清洁能源汽车。加强航空、铁路领域节能改造，优化运行调度，推进物流运输绿色转型。

（三）加强工业节能。深入推进工业企业节能改造，加快淘汰能效不达标的电机、内燃机、锅炉等用能设备，优化重点工业企业生产工艺，强化企业能源运行动态监控。

（四）推动能源系统节能。推行燃气电厂节能发电调度，严格机组能效对标与考核。全面推广余热余压利用，试点开展天然气高压调压站压差发电及冷能回收，加快推进气候补偿和烟气冷凝热回收技术改造，加强供热管网水力平衡调节，提高锅炉房和热网能源利用效率。全面消除城乡电网高损耗供电设备，到2020年全市电网综合线损率力争降低到6.73%。

四、深入推进需求侧管理

深入开展电力需求侧管理，扩大公共建筑、工业企业需求响应范围，探索居民用户参与模式，建立60万千瓦需求响应库。培育电能服务市场发展，鼓励能效电厂建设，实现规模节电效益。推进天然气需求侧管理，按照“控公建、保居民”的原则，完善有序用气方案，优化热电气联调联供机制，降低燃气电厂发电用气量。充分运用价格调节机制，实施阶梯性、差别化价格政策，控制季节性峰谷差，引导用户合理用电用气。

五、倡导绿色低碳用能方式

充分运用传统媒体和新媒体传播手段，开展全方位、多渠道的节能宣传培训。实施节能低碳和循环经济全民行动计划，积极创建低碳社区、节约型机关、绿色学校、绿色宾馆等，树立节能绿色典范。党政机关、国有企事业单位要发挥示范作用，大力推广网络视频会议等绿色办公方式。编制市民绿色生活指南，大力倡导文明节约的消费模式和生活习惯，减少机动车使用强度，营造绿色低碳的社会氛围。

第八章　精细管理能源运行

以确保能源运行安全为核心，健全资源保障和运行调节长效机制，充分应用现代信息技术，完善监控调度网络，全面提升能源运行管理精细化、智能化水平。

一、保障资源供需平衡

（一）强化供需平衡衔接。进一步完善本市与国家部委、资源产地、能源企业的沟通协调机制，落实天然气、电力、成品油等资源供应，确保满足总量平衡和高峰需求。推动资源来源向大型企业集团、优质资源地区转移，努力增加清洁能源供应。充分发挥市场作用，拓宽能源供应渠道，提高本市资源保障能力。

（二）深化能源区域合作。深化本市与河北省、内蒙古自治区、山西省等地区的能源合作，加强区域能源发展规划衔接，完善跨区域重大项目建设协调机制。加快域外引热，推进三河—通州、涿州—房山等供热工程建设。支持本地能源企业参与周边地区清洁能源基地建设。

二、精准调控能源运行

把握首都能源运行特点，积极应对季节性需求高峰等突出矛盾，突出重点时段、重大活动能源保障，强化需求侧管理，完善智能监控网络，精准调控能源运行。

（一）完善综合协调机制。强化市能源与经济运行调节领导机构统筹协调作用，建立责任明确、协调有力、管理规范、运转高效的能源运行管理体系。研究制定能源运行管理办法，切实落实“统筹协调、分口负责、企业主责、属地保障”的责任分工体系，推动运行管理制度化、规范化、标准化。

（二）建设智能调度平台。整合各级政府部门和企业信息资源，建设首都能源综合管理数据库和智能调度平台。强化全市能源与经济运行监测，构建用户侧与能源供应侧双向互动体系，科学调配燃气资源，优化电网、热网运行方式，实现热电气联合优化调度。

（三）健全专项调度系统。持续推动主要能源品种运行调节信息化发展，高标准建设天然气全网数字化监控和运行调度系统，科学调配调峰储气资源。完善城市电网智能运行监控平台，合理安排电网运行方式，提升电力生产供应各环节智能化水平。加强城市热网监控和调度管理，增强重点地区和薄弱地区供热保障能力。

三、提高应急保障能力

强化风险预警与应急管理，完善应急储备和设施体系，加快构建制度化、规范化、专业化的应急响应和处置机制，有效防范和应对各类风险。

（一）建立健全能源储备体系。坚持政府主导与市场运作、域内储备与域外储备相结合的原则，建立规模适度、结构合理、管理科学、运行高效的能源储备体系。落实天然气应急储备，满足 3 天以上应急用气需求。完善成品油和液化石油气储备，满足公交、环卫等公共领域应急需求。研究能源储备管理办法，明确储备责任、运营管理和应急调度程序。

（二）加快应急保障设施建设。系统研究应急保障设施配置标准，建成唐山港液化天然气（LNG）储罐工程，推进市域周边应急储备设施建设，实施延庆液化天然气（LNG）等市内应急储备工程，新增应急储气能力2至4亿立方米。加快一热、二热等应急热源双燃料改造，提升中心城区应急保障能力。实施长安街西延、阜石路西延工程，联通门头沟区域热网与中心大网。基本完成全市老旧管网消隐改造。加快完善燃气、热力、电力应急抢修设施体系。

（三）增强电力抗巨灾能力。配合国家能源主管部门建立电力抗巨灾应急决策指挥体系，完善应对决策和应急联动调度机制。完善北京电网“黑启动”电厂电源，建立多条“黑启动”恢复路径，制定“黑启动”应急预案和实施方案。推动重要电力用户实施外电源及内部自备电源改造。

（四）加强能源应急管理。创新技术手段，借助大数据支撑和智能监控，完善运行风险发现机制和处理模型，提升运行风险监测能力和控制能力。强化事前监测预警和风险管理体系建设，将自然灾害预报预警纳入能源日常运行管理，强化部门信息共享与高效协作。建立动态管理制度，完善各重点行业专项应急预案，探索制定能源综合应急预案，提高应急处置综合能力。加强能源应急机制和专业应急保障队伍建设，强化培训和应急演练，高效应对各类突发事件。

第九章　加快能源市场化改革

全面落实国家能源体制改革的总体部署，突出重点、试点先行，积极稳妥推动热力、电力、燃气等重点领域改革，完善能源价格机制，强化政府监管服务，为能源转型发展提供动力保障。

一、培育多元市场主体

（一）完善市场准入制度。探索制定负面清单，破除体制机制障碍，完善鼓励政策，引导各类市场主体平等进入负面清单以外的领域，推动能源投资主体多元化。

（二）加快投融资体制改革。鼓励社会资本投资能源设施，大力推广政府和社会资本合作（PPP）模式，完善供热设施特许经营制度。支持市属国有企业参与建设油气管网主干线、液化天然气（LNG）接收站、地下储气库和城市储气设施。结合新能源微电网建设，有序向社会资本放开区域配电网建设运营。

（三）培育竞争性能源市场。组建规范透明、功能完善的电力交易平台，鼓励大用户、售电商直接参与电力交易。有序向社会资本放开电力增量业务，开展售电侧改革试点，形成多元电力市场。鼓励大型专业供热企业通过参股、控股和兼并等方式，推进供热资源整合，实现城市供热规模化、集约化经营。引导社会资本参与本市燃气经营，推动燃气终端市场多元化发展。

二、逐步理顺价格机制

加快能源领域价格改革市场化步伐，按照国家电力、天然气价格改革的总体要求和时间安排，放开竞争性领域价格，逐步理顺能源价格形成机制。

（一）加快电力价格改革。按照“准许成本加合理收益”原则，合理核定各电压等级输配电价，用户或售电主体按照其接入的电网电压等级所对应的输配电价支付费用。

（二）推进燃气价格改革。合理制定天然气管网输配价格，逐步建立反映市场供求和资源稀缺程度的价格动态调整机制。

（三）逐步理顺供热价格。按照合理补偿成本、促进供热节能、坚持公平负担原则，推进居民供热价格改革，完善两部制供热价格，推进实施热计量收费制度。

（四）完善区域性、差别化价格政策。推进实施企事业单位用电、用气、用热分区域价格政策。积极落实差别电价政策，研究制定差别气价政策，引导用户合理用能。

三、强化政府监管服务

完善能源法规、政策和标准体系，强化战略规划、政策法规和行业标准的引导作用。进一步转变政府职能，深化行政审批制度改革，全面清理非行政许可事项，简化审批流程，提高审批效率，加强事中事后监管。强化行业安全监管，逐级严格落实安全生产主体责任，全面提高安全管理水平。创新政府服务方式，提升能源领域智能化服务水平，为市民提供高效便捷公共服务。

第十章　规划实施保障

进一步创新规划实施机制，提高政府统筹调控能力，有效发挥规划配置公共资源、引导社会预期的作用。

一、完善能源协同发展机制

加强与国家部委及河北省、天津市等地区沟通衔接，完善跨区域规划联动机制，推动一批重大改革举措、重大工程项目落地实施。市、区能源管理部门要上下联动，切实履行行业管理、安全监管和属地保障责任。落实企业社会责任，不断提高电力、燃气、供热、油品等服务水平。

二、协调推进规划落实

加强市级能源综合规划约束性指标、重大项目和重点任务与电力、燃气、供热、新能源和可再生能源等专项能源规划的衔接。做好能源规划与各部门、各区年度工作计划的统筹衔接，根据规划确定的目标和重点任务，及时组织制定年度计划、专项行动计划和工作实施方案，明确牵头单位和工作分工，强化监督考核，保障规划实施。

三、推进重大项目实施

坚持以规划确定项目、以项目落实规划，发挥重大项目对规划实施的支撑作用，集中力量、分期分批实施一批重点能源项目。健全市级重大能源项目规划储备制度，做到规划一批、储备一批、实施一批。强化项目实施管理，健全政府投资项目后评价制度。完善市、区重大项目多层次协调推进工作机制，及时解决项目建设实施中存在的问题，确保项目顺利实施、按期投运。

四、动员社会力量参与

利用电视、广播、网络、报刊等多种方式，围绕压减燃煤、清洁能源设施建设、可再生能源发展等重点领域，广泛深入开展规划理念、目标任务及相关知识的宣传解读，凝聚各方面力量参与规划实施。加强规划信息公开，完善规划实施社会监督机制。

五、健全规划实施评估体系

全面落实本规划确定的各项目标、任务，完善规划的监督考核机制。发挥社会专业机构作用，加强规划实施第三方评估。在规划实施中期阶段，由市能源主管部门组织对能源综合及专项规划进行全面评估，并将评估报告报市政府。针对规划实施中出现的重大问题，及时提出规划调整建议。

第十一章　环境影响分析

“十二五”以来，本市能源消费持续增长，优质能源占比大幅提高，能源利用污染物排放显著下降。“十三五”期间，本市能源消费总量将保持低速增长，各类污染物排放总量依然较大，需进一步强化减排措施，大幅降低能源利用对大气环境的影响。

一、“十二五”减排效果显著

“十二五”期间，本市通过实施压减燃煤、淘汰退出高污染企业、严格排放标准等大气污染防治措施，各类污染物排放显著下降。综合测算，2015 年本市能源利用直接排放的 SO_2、NO_x、PM_{10} 和 $PM_{2.5}$ 分别比 2010 年下降 51.9%、28%、46.1% 和 41.9%。

2015 年北京市能源利用主要大气污染物排放量　　**表 3**

单位：吨

指标行业	二氧化硫（SO_2）	氮氧化物（NO_x）	可吸入颗粒物（PM_{10}）	细颗粒物（$PM_{2.5}$）
发电	5128	6619	82	1083
集中供热	6485	15804	1390	2633
小型锅炉	20909	18347	5344	6846
生活消费	14549	8577	8221	9292
合计	47071	49347	15037	19854

二、“十三五”预期减排效果

“十三五”时期，本市将通过超常规压减燃煤、关停高耗能企业、实施最严格排放标准等措施，进一步降低能源利用污染物排放量。综合测算，到 2020 年，能源利用直接排放的 SO_2、NO_x、PM_{10} 和 $PM_{2.5}$ 将分别比 2015 年下降 35.9%、43.4%、50.9% 和 49%。

2020 年北京市能源利用主要大气污染物排放测算　　**表 4**

单位：吨

指标行业	二氧化硫（SO_2）	氮氧化物（NO_x）	可吸入颗粒物（PM_{10}）	细颗粒物（$PM_{2.5}$）
发电	2643	2917	—	944

续表

指标行业	二氧化硫（SO_2）	氮氧化物（NO_x）	可吸入颗粒物（PM_{10}）	细颗粒物（$PM_{2.5}$）
集中供热	853	1989	—	305
小型锅炉	18001	15895	4100	5912
生活消费	8674	7153	3287	2959
合计	30171	27954	7387	10120

专栏 8："十三五"期间能源领域主要污染物减排措施及成效

◇华能燃煤热电厂实施燃气改造，实现燃煤发电机组停机备用。

◇淘汰高耗能、高排放的行业和生产工艺，全市工业企业基本完成"煤改清洁能源"。

◇基本完成燃煤锅炉清洁能源改造。

◇基本实现全市平原地区无煤化。

◇在未实施清洁能源改造的农村地区，全面实施优质煤替代。

◇严格天然气设施排放标准。新建燃气锅炉 2017 年 4 月 1 日起氮氧化物排放限值为 30 毫克 / 立方米。高污染燃料禁燃区内的在用锅炉执行 80 毫克 / 立方米的氮氧化物排放限值。

到 2020 年，在能耗总量和天然气总量均有所增长、燃煤总量大幅下降的基础上，综合各类治理措施，全市 SO_2、NO_x、PM_{10} 和 $PM_{2.5}$ 排放量分别削减到 3 万吨、2.8 万吨、0.7 万吨和 1 万吨左右。

SO_2、NO_x、PM_{10} 和 $PM_{2.5}$ 排放指标 **表 5**

指标 年份	二氧化硫（SO_2）	氮氧化物（NO_x）	可吸入颗粒物（PM_{10}）	细颗粒物（$PM_{2.5}$）
2010	97892	68545	27886	34177
2015	47071	49347	15037	19854
2020	30171	27954	7387	10120
"十二五"累计下降（%）	51.9	28.0	46.1	41.9
"十三五"预计削减（%）	35.9	43.4	50.9	49.0

注：能源领域直接排放不含油品，其大气污染物排放量在交通系统另行计算。